世界史を変えた
新素材

改變世界史的12種新材料

佐藤健太郎——著
Sato Kentaro

郭清華——譯

從鐵器時代到
未來超材料
從物質科學觀點
看歷史如何轉變

目錄

前言
「新材料」啟動歷史

「材料」的力量

人類建立文明社會已有數千年，其間經過無數的大小轉變才達至現況。那些大小轉變或有來自某個天才的發明或想法，也或有來自與遙遠國度的交易或戰爭。可以說，從王朝、思想、學問、宗教、政治體制，到我們日常的打招呼用語、每天吃的食物，在人類社會中，沒有不變的事物。

就連日本江戶時代那樣限制人與人交流與抵制創新的社會裡，仍然出現數不盡的變化。農業技術因此進步，貨幣經濟因此普及，也以文字和繪畫為首，發展出日本特有的藝術。由此觀之，「變化」也是人類社會的本質。

而所謂的巨大變化，不是緩慢發生的非連續性變化，而是像革命性變化一樣，在一瞬間發生，如黑白棋（又稱翻轉棋）的棋子般，瞬間就會豬羊變色。

音樂錄製的轉變就是身邊隨處可見的例子。長期以來因為推廣音樂以至普及而獨占鼇頭的黑膠唱片，在一九八二年光碟（簡稱ＣＤ）出現後，便快速讓出王者的寶座。而ＣＤ又被網路傳播與影音網站取代，以驚人的速度消失。一九九八年，在日本有將近四十張單曲或專輯ＣＤ超過百萬銷量，但不過十幾年的功夫，ＣＤ便幾近絕跡。當時能夠預測到這個結果嗎？

如前所述，預測變化很困難，要促成期待中的變化，更是難上加難。尤其是現代的日本，一方面想要有所轉變，認為不得不變，一方面又因為各種羈絆而不允許改變。因此，雖然各政黨都在齊聲倡導改革，企業界也為了創新而投入龐大的研究經費，卻都很難表現出期望中的成果。

那麼，讓社會發生改變的要素到底是什麼呢？不管是什麼樣的變化都不會只有單一原因，而是集合了各種要素，改變才會開始啟動。本書將重點集中在「材料」上。因為所有的改變要素都離不開紙、鐵、塑料等優秀材料的力量。

最能表現出這一點的，就是石器時代、青銅器時代、鐵器時代等專有名詞吧！青銅器製造的劍，輕易打敗了木器、石器做成的武器，而能深耕土壤的鐵製鋤頭，大大提升了糧食的產量，帶動人口的成長。新材料的出現，是讓文明飛躍到下一個階段的關鍵。正因如此，各個時代才會以材料為名吧（石器和青銅器經過數千年歲月後仍然可以繼續存在，這一點也很重要。但很遺憾的是，我們難以鑑定木料與布料的開始使用年代）！

文明的速率決定步驟

在帶來轉變的諸多要素中，為何要特別在意材料這個因素呢？應該是材料會為了轉變而有「速率決定步驟」的關係。速率決定步驟是生物化學用語，是指A到B的化學變化、B到C的化學變化、C到D的化學變化……等一連串化學變化中反應速度最慢的階段。因為這個階段的速度會決定整體的速度，所以有此命名。例如行駛全長一百公里的路，其中壅塞的十公里要花費兩小時的時間來行駛，而剩下的距離不管是用八十公里的時速，還是用一二〇公里的時速來行駛，整體所需的時間不變。這個壅塞的區間就是「速率決定步驟」。

如前所述，文明每向前走一步，都需要多種要素的配合。那些要素包括優秀的人才、大眾的心理變化、政治與經濟條件的配合、天氣與災害所帶來的影響等等，必要的條件沒有到齊，就不會發生變化。但是，我認為優秀的新材料比其他要素更難出現。時代需要的材料出現，是促成世界產生巨大變化的決定性要素，也造就了速率決定步驟。這是本書的假設。

再來看看前述黑膠唱片的例子。最初黑膠唱片的材料是來自介殼蟲的分泌物固化後的蟲膠。但進入一九五〇年代後，以聚氯乙烯（PVC）為材料製成的唱片問世，一舉促成了流行音樂這個龐大的市場。和容易磨損且易破碎的蟲膠相比，聚氯乙烯堅固又輕巧，更能保存，還可以大量生產。如果沒有出現這麼優秀的材料，就不會有這麼多人欣賞音樂了吧？

自一九五〇年以後，世界樂壇陸續出現巨星，呈現出過去未曾有的樣貌。是因為一九五〇年以前沒有才華橫溢的音樂人？當然不是。只是，以前儘管也有才華優異、能與貓王艾維·普里斯萊或披頭四匹敵的歌手，卻沒有能夠將他們的作品以便宜而高品質的方式傳遞給更多人欣賞的材料。

當然，電視的普及也是音樂被全世界聽到的重大原因。但只有電視的普及，並不能形成龐大的音樂市場，也不能讓世人認識所有具備優秀才華的人。對世界性的音樂文化而言的化學反應速率，是聚氯乙烯這個材料的問世。

說起來，紀錄媒介的發展讓音樂內容的本身與音樂家這個職業的樣貌產生極大的變化。

兩、三百年前也有很多十分傑出的歌手與演奏家，例如至今仍留有盛名的莫札特、貝多芬等作曲家。他們只能靠著紙上的樂譜，把自己的作品流傳到遠方的國度與後世；而現場演奏不管有多麼精彩，那種感動也只能傳遞給當下聆聽的觀眾。

相對於此，如今藉由錄音與錄影，可以不受空間與時間的阻礙，讓同樣的演奏在不同的時間與空間感動數億人口。二十世紀以來，直接感動人們的歌手與演奏家成為大眾矚目的焦點，作曲家成為幕後推手，這樣重大的改變，可以說是記錄媒介的進化所帶來的。

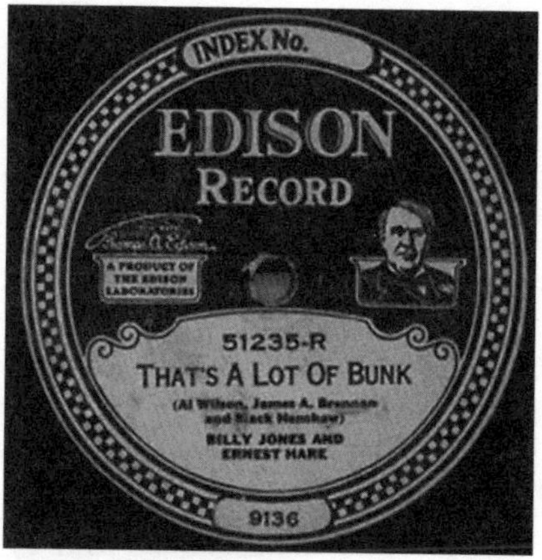

一九二〇年代的蟲膠製唱片

啟動歷史的材料有各種類型，前述所說的石器與鐵、聚氯乙烯等材料，都是因為大量普及而啟動歷史。但是，也有因為稀少與貴重，成為爭奪的對象，而撼動了歷史的材料。例如黃金與蠶絲。

材料也可以依其來源而分類。人類最早使用的材料如石頭或木頭，不僅直接取自自然，也依照其原來的模樣直接使用。但是鐵雖然也是取自自然，卻必須經過人工製造，才能成為器物受到使用。而塑料更是不存在於自然界，完全是由人工製造出來的材料。如今更有些材料是靠精密的分子設計製作而成，那樣的材料所擁有的功能無法從自然界找到。

本書從眾多材料中選出十二種，介紹這十二種材料與歷史的關係。希冀能讓讀者看到，打開時代之門的鑰匙，正是新材料的出現。

本書選取自二〇一六年七月至二〇一七年七月在新潮社
「Webでも考える人」（http//kangaeruhito.jp/）
專欄上連載的文章，加以大幅補充、修改編輯而成。

第一章

驅動人類歷史的黃金光芒——黃金

黃金的光芒

提到改變世界的頂尖材料，就不免想到黃金。這世界上最讓人渴望、最能勾動人們欲望的物質，除了黃金之外，別無他物。

東京國立博物館曾舉辦與黃金相關的展覽。那個展覽非常受歡迎，參觀民眾大排長龍。其他金屬或材料的展覽，一定不可能像黃金吸引那麼多人來參觀吧。可見，即使人們現在透過電視與網際網路就能夠看到世界上各種奇珍異物，仍會受到黃金的誘惑，深為其著迷。今日的我們尚且如此，對古代人來說，黃金的魅力應該更加難以抗拒！

黃金不同於鐵與銅，不需經過高度的冶煉技術，可以在天然的狀態下取得純粹的金屬。因為黃金的光澤與眾不同，所以古代人很容易發現黃金。因此，黃金也有可能是世界上許多民族最早接觸到的金屬。

而且，黃金有耀眼的美麗光芒，無論處於何種環境都不會生鏽、變質的特性。古埃及圖坦卡門王（Tutankhamun）的黃金面具至今已有三三〇〇年以上的歲月了，卻仍然像昨日剛完成的一樣，釋放出奪目的光芒。沒有任何材料比黃金更適合讓國王向民眾展現權威。

黃金不會變質，人人想要，因此不僅不會被廢棄，還會不斷受到循環使用、接受和繼承。我們眼前的某一個金幣，或許曾經是羅馬時期某個城市曾經被交易過的金幣，也或許是由凡爾賽宮中國王身上的某個金飾重新熔鑄而成。黃金將人類的歷史與各種浪漫凝聚為一體。

邁達斯王的手

希臘神話中邁達斯王（Midas）的故事，可能是展現了人類對黃金極度渴望的最古老故事吧？因為邁達斯王妥善照顧喝醉酒的西雷諾斯（Sirenos，希臘神話中的神，酒神狄奧尼索斯的導師），酒神狄奧尼索斯為了報答他，便賜予他一個願望。而邁達斯王的願望便是，希望凡是他的手摸過的東西，都能變成黃金。

邁達斯王實現了願望，但是這樣的喜悅並不長久，因為他想吃的食物、想喝的酒都在瞬間變成黃金，連最愛的女兒也變成了黃金的雕像。於是邁達斯王對自己的貪慾感到強烈的後悔，並向神懺悔。後來神要他去帕克托羅斯河（譯注：今日土耳其境的薩爾特〈Sarthe〉河）內洗澡，才讓一切恢復原貌。這是希臘神話中點石成金的故事。

雖然是神話故事，但歷史上確實存在著邁達斯王這個人物。邁達斯王是西元前八世紀末

《邁達斯王》沃爾特．克蘭（Walter Crane）畫

時統治佛里幾亞（Phrygia，位於現在的土耳其中西部）的國王。因為佛里幾亞境內的帕克托羅河產砂金，所以邁達斯王統治的國度非常富裕。

這個神話故事非常清楚表現了黃金的本質。讓人不多加思索就想得到的黃金，除了是富人的裝飾與可以拿來交易想要的東西外，其本身其實並什麼特別的用途，不是有用的物質。

過去黃金並不實用。黃金的比重是一九．三（約是鐵的二．五倍），質軟而易受損，不適合做成武器與工具，就算要打造成金幣與珠寶，若使用的是純金，也會有硬度不夠的問題，必須摻入約一〇%的銀或銅，以合金的形式才能打造出物件。而人類利用黃金的特性，開發出黃金做為齒科醫療用的材料與電子機械內的零件，則是很久很久以後的事。

金幣的誕生

那麼，黃金最重要的用途——也就是成為交易用的金幣，是從什麼時候開始的？一般認為是西元前七世紀時，位於小亞細亞西部的利底亞（Lydia）王國最早鑄造、發行貨幣。而鑄幣的原料，據說是其境內的帕克托羅斯河所產的砂金。金幣的問世，可能就是從邁達斯王開始的。

不過，砂金中含有銀的成分，但含量卻不一定，所以必須人工添加銀，讓金銀的比例一致，鑄造成合金後再切割成一定的大小，把每一小塊合金放在檯上錘打，刻上圖紋，就形成了人類史上最初的貨幣。為了方便交易，當時已有各種不同大小的貨幣，而且每種尺寸的重量都以整數的倍數進行調整，可見當時的人已經相當有智慧。

貨幣的誕生讓「價值」可以拿在手上，讓「計量」變得可行，是應該永遠銘刻在人類歷史上的大事。手頭上可以交易的物品可以透過貨幣這樣的媒介，將價值轉換成精細的數字後，便可以以此基礎，交換希望獲得的物品。

《魯濱遜漂流記》（*Robinson Crusoe*）中的魯濱遜，在漂流到荒島上後，獨自製作了生活中所需要的各種物品。但是那樣的物品充其量只能滿足生活的必須，只能達到基本的水準。交換想要的東西、能做的事情，發揮各自擅長的事，才能創造出更好的物品與系統。順暢的交易與分工，是進步與發展的關鍵。貨幣的發明讓這樣的進步與發展變得可能，讓人類飛躍性地向前跨了一大步。

而成為貨幣材料的必要條件除了每個人都喜歡之外，還必須方便攜帶、長期不變質、價值不變和容易加工成一定形狀。黃金正符合前述條件。

然而，銀幣、銅幣漸漸取代了金幣的地位。例如：古代羅馬有奧雷烏斯金幣（Aureus）與索利都斯（Solidus）金幣，但做為基本貨幣被廣泛使用的，卻是第納里烏斯銀幣（Denarius）與塞斯特爾狄烏斯銅幣（Sestertius）。金幣因為價值高，所以不做為日常的交易之用，大多用於儲存。

美麗的三姊妹

金、銀、銅這三種材料至今還廣被使用在貨幣上，因此被稱為「貨幣金屬」（coinage metal）。日本現今所使用的貨幣中，伍圓的硬幣含銅量是六〇～七〇％，拾圓的硬幣含銅量是九五％，伍拾圓與壹佰元圓硬幣含銅量是七五％，伍佰圓的硬幣含銅量是七二％。又，

奧雷烏斯金幣（Aureus）

舉辦奧運這種國際性活動時，舉辦單位也會經常發行金幣、銀幣。

成為鑄幣材料的金、銀、銅三種材料在化學元素週期表上呈現垂直的縱向排列，可以說是姊妹般的元素。垂直成列的元素有著彼此相似的性質，其共通性就是不易產生化學變化。不過，因為銅在這三種元素中反應性最高，所以容易生鏽，銀其次，黃金最穩定。此外，銀的大自然產量是黃金的十倍，而銅的產量更是銀的數百倍，所以貨幣的價值和存在量有著反比的現象，這是理所當然的事情。

基本上，元素隨著原子序數（原子核中含有的質子數）的增加而趨於不穩定。金的原子序數是七九，而接近穩定存在的原子序數界限是八二。又，奇數的原子序數元素比偶數的原子序數元素不穩定，一般的存在量也比較少，這就是金是貴重金屬的原因。

因此，直到現在為止，全世界已經被開採出來的黃金數量總合，大約只有三個奧運游泳池的體積。不要以為黃金怎麼可能這麼少，要知道黃金的重量是水的將近二十倍，體積雖小，重量卻十分驚人。

1 H 氫																	2 He 氦
3 Li 鋰	4 Be 鈹											5 B 硼	6 C 碳	7 N 氮	8 O 氧	9 F 氟	10 Ne 氖
11 Na 鈉	12 Mg 鎂											13 Al 鋁	14 Si 矽	15 P 磷	16 S 硫	17 Cl 氯	18 Ar 氬
19 K 鉀	20 Ca 鈣	21 Sc 鈧	22 Ti 鈦	23 V 釩	24 Cr 鉻	25 Mn 錳	26 Fe 鐵	27 Co 鈷	28 Ni 鎳	29 Cu 銅	30 Zn 鋅	31 Ga 鎵	32 Ge 鍺	33 As 砷	34 Se 硒	35 Br 溴	36 Kr 氪
37 Rb 銣	38 Sr' 鍶	39 Y 釔	40 Zr 鋯	41 Nb 鈮	42 Mo 鉬	43 Tc 鎝	44 Ru 釕	45 Rh 銠	46 Pd 鈀	47 Ag 銀	48 Cd 鎘	49 In 銦	50 Sn 錫	51 Sb 銻	52 Te 碲	53 I 碘	54 Xe 氙
55 Cs 銫	56 Ba 鋇	57 La 鑭	72 Hf 鉿	73 Ta 鉭	74 W 鎢	75 Re 錸	76 Os 鋨	77 Ir 銥	78 Pt 鉑	79 Au 金	80 Hg 汞	81 Tl 鉈	82 Pb 鉛	83 Bi 鉍	84 Po 釙	85 At 砈	86 Rn 氡
87 Fr 鍅	88 Ra 鐳	89 Ac 錒	104 Rf 鑪	105 Db 𨧀	106 Sg 𨭎	107 Bh 𨨏	108 Hs 𨭆	109 Mt 䥑	110 Ds 鐽	111 Rg 錀	112 Cn 鎶	113 Nh 鉨	114 Fl 鈇	115 Mc 鏌	116 Lv 鉝	117 Ts 䃔	118 Og 鿫

58 Ce 鈰	59 Pr 鐠	60 Nd 釹	61 Pm 鉕	62 Sm 釤	63 Eu 銪	64 Gd 釓	65 Tb 鋱	66 Dy 鏑	67 Ho 鈥	68 Er 鉺	69 Tm 銩	70 Yb 鐿	71 Lu 鎦
90 Th 釷	91 Pa 鏷	92 U 鈾	93 Np 錼	94 Pu 鈽	95 Am 鋂	96 Cm 鋦	97 Bk 鉳	98 Cf 鉲	99 Es 鑀	100 Fm 鐨	101 Md 鍆	102 No 鍩	103 Lr 鐒

化學元素週期表

黃金之所以受到喜愛，除了稀有外，還因為它有著黃金色的漂亮光澤。能夠清楚地看出色澤的簡單金屬，除了黃金之外，就只有銅了（此外，鋨這個金屬也略呈淡淡藍光）。奧運採用金、銀、銅這三種金屬做為獎牌的材料，和此特徵有很大的關係！另外，黃金會散發出黃色的光澤，與相對性理論也有關係，因為有些難以說明，在此略過不提。

總之，黃金的色彩所帶來的影響非常大。比起其他多數會散發出白銀色光澤的金屬，世上幾乎所有民族都更喜歡黃金的光澤。和黃金同樣不易生鏽，而且比黃金更貴重的金屬是白金。但和黃金比起來，白金幾乎不在歷史上露臉（其原因在於白金的熔點高，比黃金更不容易加工）。為了尋求黃金而侵略中南美洲的西班牙人甚至因為嫌棄白金冶煉麻煩，而棄置白金。白金被視為貴金屬而受到喜愛，是二十世紀卡地亞採用白金做成珠寶後的事。

黃金之島「日本」

首次登上日本歷史舞台的黃金，是在福岡縣的志賀島出土的「漢委奴國王」金印。這枚金印被認為是東漢光武帝於西元五七年賜予日本國王的。金印的印鈕部分有精緻的加工圖紋，側面光滑美麗，熠熠生輝。在當時的人眼中，那樣美的東西必定來自神的國度。

後來日本也發現境內有多處金礦與金砂可以開採。而這個發現的契機，好像與佛教傳入日本有關。為了表現對佛教的尊崇，所以使用黃金做為裝飾，也顯現了黃金之美。日本最古老的佛教寺院是建於六世紀末的飛鳥寺，寺內就收藏了金磚。到了七世紀時，日本各地的寺院陸續動工興建，開發金礦礦山的行動也如雨後春筍般地開始。

與此同時，黃金的加工技術也有了進展。日本東大寺的盧舍那佛像，也就是大家所說的奈良大佛，在創建之時全身鍍金，與現在厚重的色調給人的印象截然不同。據說當時大佛鍍金時使用了四百三十公斤的黃金，價值相當於現在日幣二十億圓。日本是當時少數的產金國家。

尤其是日本東北所蘊藏的豐富金砂，更支撐了奧州藤原氏的百年繁榮。藤原氏歷經三代，靠著獻金籠絡朝廷，而擁有了實質統治奧州的權威。只要看過象徵藤原氏權威的平泉中尊寺金色堂，就能夠明白馬可波羅說「黃金之國Zipangu（日本）」，並不是誇大之言。

日本缺乏礦產資源，卻曾擁有豐富的金礦，這讓人不可思議。不過關於這一點，最近澳洲的D．威薩利發表了一項有意思的說法，他說：黃金的礦脈或許是地震形成的。

微量的金與各種礦物質的溶液，在高壓下被封鎖在某些地下洞穴中。地震發生造成洞穴的裂縫擴大，洞穴內的壓力下降，一部分的水蒸發，溶液中的金結晶、下沉，經過長年累積於是形成金礦。如果此說成立，多地震的日本發現黃金的礦脈，似乎也不奇怪。

鍊金術的時代

歷史上有許多戰爭是因爭奪黃金而起。西班牙的皮薩羅（Francisco Pizarro）等人征服印加帝國行動的最初目的，就是為了取得南美的豐富黃金。皮薩羅虜獲了印加帝國的皇帝阿塔瓦爾帕（Atawallpa），要求填滿一間屋子的金銀做為贖金。這個龐大的贖金金額被列入金氏世界紀錄中。

中尊寺金色堂的堂內

發生在美國加州的淘金熱，就是黃金的光芒驅動人類的著名例子。淘金熱始於一八四八年的某個早晨，人們在沙加緬度河的水流中發現了砂金。這個消息很快傳開，不只美國當地人，來自中國與歐洲的採掘者也紛紛趕往加州。據說當時趕往加州淘金的人數高達三十萬人。

淘金熱讓人口原本只有數百人的小鎮舊金山，在數年內就發展成美國著名的大城市。成為淘金者工作服的牛仔褲是李維．史特勞斯（Levi Strauss）開發的產品；而以信用卡聞名的美國運通（American Express）原本是為淘金者提供運送服務的公司。人們為了黃金而燃燒的熱情，成為數個世界性企業創業成功的契機。

另一方面，自古以來人們也一直努力嘗試以不流血、不流汗的方式來得到黃金。例如嘗試從鐵與鉛等卑金屬（或稱賤金屬、普通金屬）中提煉出黃金的「鍊金術」。從紀錄就可以知道，「鍊金術」從希臘時代就有，除此之外，伊斯蘭國家、印度、中國等，幾乎所有有文明程度的國家，都曾為了做出黃金而不斷挑戰。

西方術士所追求的，就是創造被稱為「賢者之石」的物質。換成現代的說法，術士所尋找的就是「催化劑」吧？製作出黃金這件事的魅力，當真無可取代嗎？八世紀時的阿拉伯大學者賈比爾・伊本・哈揚（Jābir ibn Ḥayyān）（七二一？～八一五？），十六世紀的瑞士醫學者帕拉塞爾蘇斯（Paracelsus）（一四九三～一五四一）等人，應該都是當世最具智慧的人物了，他們也都在研究鍊金術。大家或許還會覺得有點意外的，連艾薩克・牛頓（Isaac Newton）（一六四二～一七二七）也從六十歲起，就把人生最後的二十五年，奉獻給雖然最後沒有得到成果的鍊金術研究。

依現代化學的角度看，化學元素實際上完全不可能在燒瓶中進行轉換，所以幾千年的鍊金術挑戰，根本就是無用之功。然而在那樣的挑戰過程中，人們發現了硝酸、硫酸、磷等各

威廉・道格拉斯（William Fettes Douglas）的《鍊金術師》

種化學物質，發展出蒸餾、萃取等等化學實驗的基本技術。就這個意義而言，說鍊金術是化學之母並不為過；但更恰當的說法或許是鍊金術與化學緊密相連，兩者無從區分。在英語裡表示化學的「chemistry」這個字，來自鍊金術（alchemy）。還有一說是：這個字的語源是中國話中的「金」（jin）。想到現代化學誕生了許多不亞於金的有用物質，因此可以說從前鍊金術師的努力，絕對不是徒勞無功。

如此進步的化學，也創造出了許多金的新用途。黃金有非常好的延展性，可以拉得又細又長，並且有很高的導電性。因為有這樣的特質，所以黃金被利用來做為連接半導體的電極與芯片的佈線。最適合用在要在最小的空間裡進行高密度佈線的高科技機械——例如手機——的材料，莫過於黃金。

據說一部智慧型手機平均要使用三十毫克左右的黃金。二〇一七年全世界生產了約十四億六千萬支智慧型手機，也就是說價值約二千億日圓的黃金被放進了人們的口袋裡。包含在這樣的高科技機械裡的黃金，也被稱為「都市礦山」，其回收技術很自然地引發了人們的關注。

又，將黃金製成奈米級（十億分之一米）的微粒子時，黃金會呈現出鮮紅的顏色等，帶有不同於平常的性質。這樣的黃金奈米粒子可以分解有害物質與成為塑膠原料的催化劑之事，近年來已經越來越明確了。已經有很多研究者加入了這個前景無限的領域，形成了被稱為「奈米淘金熱」現象。黃金早就不僅是美麗的金屬了。

黃金的魔力

關於黃金，還存在著一個天大的謎。那就是，為什麼只有黃金能夠如此迷惑人心？這世上還有許多金屬與貴重的材料，但如本文一開始就已提到，沒有別的材料能夠像黃金那樣迷惑人心、讓人發狂。其他金屬沒有、而黃金有的魔力，到底是什麼呢？

或許這只是我的想像，我以為黃金的魔力在於它的光芒類似太陽與火的顏色。人類自遠古以來便害怕黑暗，在擔心敵人與動物會在黑夜中悄悄靠近的日子裡過生活。對人類而言，火把與旭日的光芒是希望之光，是必須不斷追求、如同命脈的東西。追求金色光芒的記憶被深深刻印在人類的遺傳基因上，這讓現代的我們執著追求黃金。一定就是這樣的吧？總覺得我們對黃金的熱愛與執著是一種本能，而且是根深蒂固的本能。

如前面所述，人類最初選擇用來表示價值的材料便是黃金，但黃金表示價值的地位後來被銀與銅取代，甚至也被紙張取代。如今以塑料製成的信用卡，或沒有實體的電子資料，也能取代黃金的地位，代表價值的存在了。

但是，紙幣與電子資料之所以能交換到想要的東西，原因在於大家「認為那一張紙有價值」的共有想像。然而，當發生戰爭、革命、通貨膨脹時，那樣的想像就會遭到捨棄，那張紙也就失去了想像中的價值。

黃金是有價值的。關於這一點當然也不過是想像而已。然而，這個想像卻是人類本能的基礎，是人類最強而有力的想像。不管時代怎麼變化，人們總是認為「黃金是保命之本」，將財產變換成黃金，便是基於這樣的想像吧！既然如此，直到人類的歷史結束為止，黃金都會被視為至寶，就一定會為了黃金而爆發爭奪。

「如果克麗奧佩脫拉（埃及艷后）的鼻子稍微塌一點，那麼整個世界的歷史將會不同」，這是哲學家布萊茲．帕斯卡（Blaise Pascal）的名言。那麼，如果金子的顏色是白銀

第二章

存在一萬年的材料——陶瓷器

容器與人類

最能感受到容器價值的時刻就是把器物裝進紙箱的搬家途中。要喝水時沒有杯子，要吃飯時沒有碗盤，要丟垃圾時沒有垃圾桶。少了容器的存在，我們的生活就會失去秩序。平常雖然不會意識到容器的存在，但容器確實照顧著我們的生活，我們有必要重新思考容器的重要性。

毋庸置疑，容器可以說是人類最早的其中一種發明物尤其是由泥土揉捏後燒成形狀的土器（粗陶器），是世界各地自古以來便受到使用的器物。曾有學者說，不管在哪個國家，考古學都是從尋找罐子和其碎片開始的。而一個地方的土器、陶器、瓷器的發達程度，就是衡量該地區文明發達度的指標。

而更令人感到驚訝的是，儘管如今塑料與鋁等優秀的新材料量多又容易得到，陶器仍然沒有被淘汰。我們當今日常生活中使用的杯子、鍋具，與從各地的遺跡中挖掘出來的土器的形狀與材質，基本上沒有太大的改變。

陶器的一大特徵是用途廣泛，表現出來的面貌豐富多彩。從價值不菲的貴重藝術品如瓶、壺，到身邊的便宜建材如磚、瓦、磁磚等等，都是陶器可以大顯身手的舞台。可以如此長期又大範圍支持人類文明的材料，其實屈指可數。

陶器的誕生

那麼，最早的陶器——也就是所謂的土器（粗陶器），是什麼時候被做出來的呢？現在世界上最古老的土器，是在中國河南省挖掘出來，據悉那是一萬八千年前的東西。另外，日本的大平山元遺跡（位於青森縣）也挖掘出被認為是約一萬六千年前製成的繩文式土器。在比埃及與美索不達米亞古文明更古老的年代，東亞已經開始使用陶器。

人類開始用火之後，就發現將摻水揉捏成形的黏土曬乾後，再高溫燒烤，會變成堅硬而耐用的材料。開始使用火的年代雖然眾說紛紜，但都有共識是二十萬年以前的事，因此人類開始使用土器的年代應該比發現的年代更早才對。但為什麼使用

繩文中期的深缽型土器

火以後又過了那麼久才開始使用陶器？似乎到現在還沒有找到這個簡單問題的決定性答案。

日本開始使用土器的時代大約是冰河期結束時。那是很容易取得橡子之類食材的時代。有一種說法是：為了容易煮熟食材，去除食材的澀味，人類發明了土器。取得食物變得容易，到處遷徙尋找獵物的移居式生活也不再那麼必要。但我們並不清楚到底是因為人類的定居而做出了土器，還是土器促成了人類定居式的生活。總之，開始定居生活是人類史上的一個重要轉捩點，而土器的存在與這個轉捩點，有著密切的關係。

很快的，配合各種目的而製作的土器紛紛出籠。「鍋」、「碗」、「瓶」、「罐」、「甕」、「甑」、「坏」、「鬲」等，能夠表示陶器的用字，多到讓人驚訝，可見古人多麼慎重而巧妙地區分不同用途的陶器。人們分別使用不同的土器儲水、烹煮食物與保存食物，確保了食物的安全與因食物而引發的傳染病。土器的運用與人類的繁榮關係至為重要。

陶器為什麼是硬的

黏土只要經過揉捏、乾燥後，就可以維持固定的形狀。中東與北非等地區便廣泛使用了將黏土填入模型、經過日照乾燥後的建材，稱之為「日曬磚」。然而日曬磚不耐雨，被雨淋

用日曬磚建造的房子

過後強度就會減弱，所以只適合乾燥地區使用。像日本這種氣候較潮濕的地方，就不適合使用日曬磚。另外，像壺這類容器也不能使用日曬黏土，因為一旦裝水，壺就會溶化。用黏土做成的器具必須用火燒過，才會成為實用而且堅固的陶器。

那麼，為什麼黏土燒過後硬度會強，耐水性也會提高？簡單來說，因為高溫導致的化學反應，將原子緊密連結起來，形成了新的連結網。

黏土是各種礦物的細小結晶的集合體。結晶內——也就是黏土每個粒子的內部，在容易帶正電的矽與鋁的原子和容易帶負電的氧相互結合下，織成了形如攀登梯般的堅固網。

但是位於結晶表面的原子，卻沒有可以互相連結的原子。於是表面上的原子便與從水等分子中奪走氫原子，與之連結，或以不規則的形式暫且與附近的原子連結，掩飾孤單的存

秦始皇陵兵馬俑一號坑

在。這些表面的原子一旦有機會找到可以連結的夥伴，就會和結晶內部的原子一樣擁有安定的連結，保持經常穩定的狀態。

以火加熱提供了這些孤單的原子求之不得的「連結」機會。熱可以活躍原子的活動能力，促進連結。用水揉搓可以讓黏土的細微結晶緊密結合在一起，揉捏成固定的形狀。表面的原子因為加熱而產生晃動，並像架橋一樣的把細微結晶聯結起來，形成更為緊密、新原子間的網格結構。這就是黏土塊沒有，而陶器具有堅固特性的祕密。

即使經過了幾千年，陶器仍然可以維持當初成形時的形狀，但卻怎麼樣也不可能回到黏土時的狀態。現在的我們還能看到先人精心燒製，形狀不變的繩文式土器，完全是因為原子間的網狀結構。

製陶與破壞環境

用低溫燒製黏土所形成的器物，就是所謂的「素燒」。日本的繩文式土器與彌生式土器，都屬於素燒陶器。而中國更發展出了高度製陶的技術，例如：選擇適合製造陶器的土壤，使用水簸處理來精製黏土（利用水中的沉降速度差異，使黏土的顆粒均勻），並用轆轤讓黏土成形。

秦始皇陵裡的兵馬俑就是著名的素燒。秦始皇陵裡埋著約八千多具身高超過一百八十公分的士兵形狀素燒人偶。這些兵馬俑全部被施以色彩，陵墓內還以水銀為河與湖泊，整個始皇陵就像一座陶製的地下城。看到這座陶製地下城的精緻工藝與規模，讓人不禁驚嘆，距今約兩千兩百年前就有如此發達的技術水準。

只是，如此大規模的製陶，必須會有災難隨行。原本綠意豐美的美索不達米後來變成沙漠的其中一個原因，便是大量砍伐黎巴嫩雪松以做為建材與製造磚塊用的燃料，所造成的結果。

另外，中國因為建造萬里長城需要大量的磚塊，也大肆砍伐森林。特別是明朝永樂皇帝時，因為遷都到原為遊牧民族基地的北京，被迫要大範圍強化長城的防禦力，讓很多森林因此消失。推算古時森林比例有五〇％的黃土高原，如今只剩下五％，那一帶也因此變成乾旱地區。黃土高原的沙漠化，是春天飛來黃沙的原因，對現代的日本造成不小的影響。

釉藥的問世

雖說素燒的硬度比泥土塊高出許多，但其原子間連接起來的網狀結構還是比較鬆散，自然不及一塊岩石堅硬。大力敲擊素燒的器具時，好不容易形成的網狀結構會遭到破壞，器具會發出破裂的聲音而四分五裂。這種易碎的特性，是陶瓷做為材料的一大缺點。

陶瓷還有一種特性，那就是素燒器具上有開放的微小細孔，不能完全阻絕空氣與水。栽培植物用的盆缽大都是素燒陶器的原因，就是可以利用毛細孔讓水與空氣流通，防止植物根部腐爛與盆內過於潮濕。這個特性對於做盆缽來說雖然是一大優點，但若用於茶杯或茶壺，就是很大的缺點。

但是釉藥的出現彌補了這個缺點。在黏土的表面上塗上某種石頭的粉末與灰，再拿去燒的話，黏土表面的粉末與灰熔化後，會形成玻璃質的保護層，封閉毛細孔，提高陶器的硬度與防水性。此外，陶器的表面還會出現光澤，有某種程度的透光性，增添了陶器的美感。

燃燒用的柴薪木灰中含有鉀等鹼性成分。這些鹼性成分會進入矽與氧的化合物，切斷結合，降低熔點。等燃燒中的陶器冷卻後，陶器的表面就形成了一層玻璃質。從這樣的木灰所生成的「自然釉」，讓古人偶然發現了釉藥的功用。而中國從殷商時代起，就已經懂得使用釉藥。到了西漢的後期，中國人就會利用含有氧化鉛的礦物釉藥，燒製出能夠發出漂亮綠色光澤的鉛釉陶器。

就這樣，利用各種釉藥與土的種類、燒陶的溫度等不同組合，陶器的色澤與質地出現複雜的變化，工藝作品的價值也隨之而生。其深奧的變化讓人難以預測，即使老經驗的專業陶藝家也會反覆試行各種試驗，來做出預想中的作品。儘管宛如科學手術刀的最先進科學與技術也加入各種燒陶的試驗，但目前的情況仍是：想要隨心所欲燒出滿意的作品，似乎還很難實現。

白磁的誕生

一位受訪的陶藝家曾說，陶瓷器的歷史就是製造白色器皿的歷史。白色的器皿可以襯托食物的色澤，讓食物看起來漂亮而美味。就像美容專家要求肌膚要白皙光滑一樣，陶藝家也以燒出純白又有光澤的陶器為目標。

我們現在已經見慣了純白色的食器，其中還有很多食器並非陶器，而是被稱為瓷器的器皿。陶器的主要原料是黏土，是用比較低溫的八百至一千兩百五十度燒成的。這種的低溫燒成的陶器不透光，帶著淺褐色，質地也比較厚，並且容易有裂痕，敲擊時會發出沉悶的聲音。試想一下質地較厚的茶杯與陶鍋，應該就不難想像。

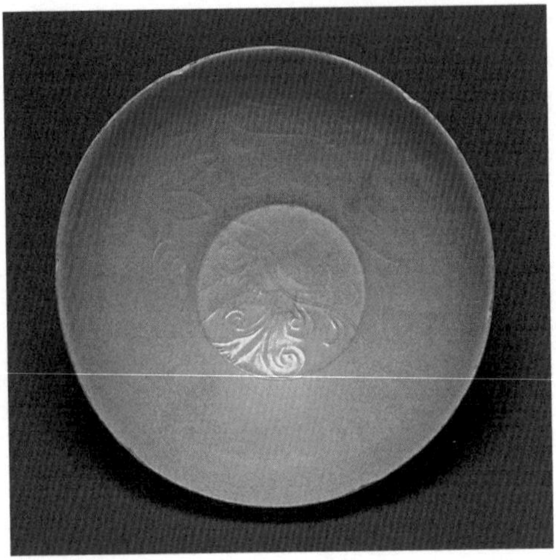

宋代的瓷器

相對於那樣的陶器，瓷器色白而光滑，也比較硬，敲擊時會發出清亮的金屬音。瓷器透光而且能阻隔水，因為表面光滑沒有凹凸而容易清洗，適合拿來當做食器。

瓷器與陶器的差異在於原料與燒製溫度。瓷器的原料是石英與長石、高嶺石等岩石研磨後的粉末。用水揉搓粉末成形後，分數次燒製，最後的溫度達一千三百度的高溫，燒到表面的釉藥熔融、滲透後，光滑而色澤明亮的瓷器便完成。

瓷器顏色純白的原因，是因為瓷器不含重金屬離子。天然的礦物因為含金屬離子，所以會有顏色，例如同樣是剛玉的礦物，含有微量鉻金屬離子的剛玉是紅色的，琢磨後是紅寶石；含有鐵與鈦金屬離子的剛玉呈青色，是藍寶石的原料。這種情形也會出現在陶瓷器上，釉藥與黏土中含有的金屬離子，經常會決定陶瓷器的顏色。

青瓷於東漢初期（一世紀後半）問世。青瓷的原料中含有微量的鐵成分，所以青瓷器呈現出漂亮的藍綠色。此外，發現幾乎不含鐵成分的高嶺石，與純白的白瓷真正製作成熟的時期，大約是六世紀後半，也就是中國的隋朝。只要看後世的歷史，就可以知道這是何等偉大的發明。

白瓷渡海

從隋朝開始，經過唐、五代和宋，白瓷有著蓬勃的發展，尤其在特別注重文化藝術發展的宋朝，更指定「官窯」專門製作宮廷使用的陶瓷器皿。著名的景德鎮就是因此而繁榮起來，並且在後世成為世界陶瓷文化中心。喜愛藝術的清朝乾隆皇帝，就以「趙宋官窯晨星看」的詞句大加頌讚這個時代的瓷器。

另外，宋朝製造民間使用的瓷器的最大窯廠是「磁州窯」，瓷器（磁器）便是因為「磁州窯」而得名。因為這裡生產的是民間使用的東西，所以器物比景德鎮生產的更具裝飾性，積極採用了繪畫設計。

到了有世界帝國之稱的元朝，因為盛行東西交流的時代潮流，陶瓷器的發展又出現了新的機運。來自伊斯蘭世界的鈷顏料被運用到陶瓷器上。能夠穩定表現深藍色的鈷顏料與純白瓷器的結合，誕生了許多傑作。我們所熟悉的，在白色盤子上用藍色描繪花樣的食器，也隨之出現。這些食器大量輸出到土耳其、埃及等伊斯蘭世界，並且大受歡迎。

中國歷代王朝所生產的瓷器，其魅力讓全世界為之傾倒。毫無例外，中國的瓷器很快就渡海到了日本。日本雖然也盛行燒製土器，但生產的都是陶器，還沒有發展出純白瓷器的技術。不過，到了日本的安土桃山時代，由於茶道風行，人們對陶瓷器的需求自然大為提高。

很遺憾的是，製造瓷器的技術並非以和平的方式傳到日本。豐臣秀吉出兵朝鮮的結果（文祿、慶長之役）雖然以失敗告終，但當時的日本諸侯卻帶了許多朝鮮的製陶工匠回到日本。就這樣，在世界陶瓷器的歷史上逐漸達到頂點的技術，越洋到了日本。

陶藝工匠在各地發現適合製陶的泥土。例如日本的肥前有田發現了適合製作瓷器的陶石，於是現在的佐賀縣南部一舉成為日本的陶瓷器生產中心。其中的酒井田柿右衛門使用可以燒出紅色的釉藥，確立了「赤繪」的風格，這門技術傳到現在已經第十五代。

歐洲的瓷器

當然不只日本人對中國瓷器著迷。文藝復興時期以來，歐洲掀起瓷器熱，輸入了大量的瓷器。英語小寫的「china」，就是「陶瓷器」的意思。

柿右衛門樣式的有田燒

一六四四年，中國的明朝滅亡，瓷器的生產因此停頓。以伊萬里燒為首的日本瓷器成為搶手貨，被西方人大量購入。西方的王侯為了誇耀自己的財富與品味，爭相購買東方的器物，甚至建造整面牆壁排滿購入瓷器的「瓷器之屋」。瓷器也被稱為「白色的黃金」，價格不斐。

薩克森選帝侯（Elector of Saxony）腓特烈・奧古斯特一世（Frederick Augustus I，一六七〇～一七三三）便是深愛東方瓷器的西方王侯，也是一位可以空手折彎馬蹄鐵的大力士。

他擁有眾多情婦，生了三百六十個孩子，精力非常充沛。不過，這個男人也熱愛藝術，據說在他成為選帝侯後，花了十萬塔勒（將近現在的台幣三億圓左右）購買瓷器。

一七〇一年，約翰・腓特烈・貝多卡（Johann Friedrich Böttger，一六八二～一七一九）出現在奧古斯特一世身邊。貝多卡當時才十九歲，堅稱自己會鍊金術，卻因此遭到喜愛黃金的普魯士國王所緝捕。奧古斯特幽禁了逃亡中的貝多卡，命令他製造黃金。然而就如同我們第一章所說的，當時的科學技術還沒有進步到能夠轉換元素，所以貝多卡自然製造不出黃金。

一七〇五年，一直等不到貝多卡製造出黃金的奧古斯特於是把貝多卡轉移到邁森（Missen），改變目標讓貝多卡製造瓷器。一七〇八年，貝多卡在反覆進行各種實驗後，首次成功製造出白色的陶器。一七〇九年，在使用釉藥後，終於燒出滑順又有光澤的瓷器。這是歐洲首次做出東方至寶瓷器，而完成瓷器製造所花的研究經費，據說高達六千萬塔勒。

於是奧古斯特在邁森建工廠，開始量產瓷器。這是至今為止一直位居西方白瓷器王位的邁森瓷器的起源。邁森瓷器融合了東方的技術與西方的品味，製造出許多名品，至今仍受到人們喜愛。

然而取得如此巨大功績的貝多卡卻遭受十分悲慘的命運。為了守住瓷器製造的祕密，貝

邁森瓷器

多卡在完成瓷器後受到監禁，並且被強迫做新的實驗。可能是因為這樣的遭遇，不久後貝多卡精神失常，而實驗時所用的鉛與水銀，也腐蝕了他的身體。一七一九年，沉溺於酒精的貝多卡離開人世，享年才僅僅三十七歲。

從陶瓷器到精密陶瓷

就這樣，成為工藝品、藝術品的陶瓷器達到顛峰。但另一方面，陶瓷器也被用作我們熟悉的餐具，即使到了現在，仍然是不可欠缺的生活用品。從前費盡千辛萬苦才做出來的瓷器，現在大量陳列在便宜的商店中。貝多卡看到這麼多的瓷器商品，大概會頭昏眼花吧！

最初利用身邊的黏土製作而成的土器，不久後變成使用精選過、顆粒均勻的泥土作成陶器；接著，使用高嶺石等礦物的瓷器也隨之誕生。簡而言之，陶器的歷史就是靠著提高原料的精緻度、控制燒成溫度，做出更美麗而堅硬的材料的歷史。

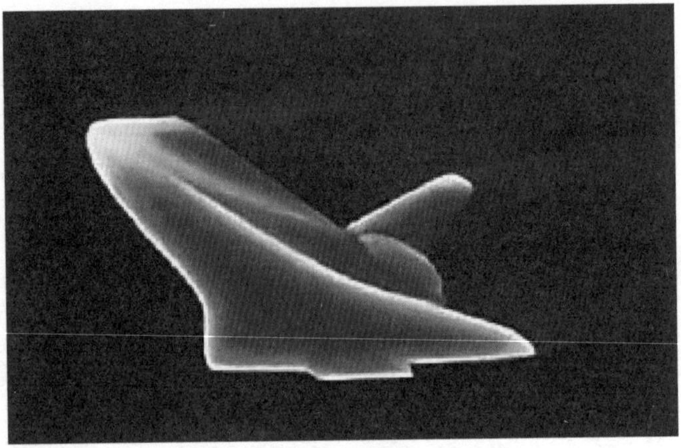

外表覆蓋著精密陶瓷的太空梭進入大層時的想像圖

如今，藉由化學合成技術，使用接近純度百分之百的材料變得可能，也可以精細控制泥土顆粒的大小與燒製溫度。如果能夠使用這些條件，就能創造出更優秀的「陶器」。所謂的精密陶瓷，指的就是這樣的陶瓷器。

先不說觸感等藝術領域範疇，而只評價機能的話，符合前述條件製作出來的新材料確實展現出遠遠超越傳統陶瓷器的性能。現在的陶瓷硬度高，可以用於補牙、製成鋒利的刀刃，也極為耐熱，是太空梭與大型加速器不可或缺的材料。

用一句話就可以說盡精密陶瓷強大的祕密。那就是精密陶瓷在原子水平上具有高度均勻的結構。堆疊磚塊時，即使只有一個小孔洞或不平整的凸點，當負荷增加時，就會從那裡開始崩塌，然後迅速導致整體的崩塌。在這個道理下，含有各種元素，純度不高的天然黏土所燒成的陶器，是具有許多構造缺陷的材料。精密陶瓷使用高純度的原料，又在燒製的條件上下功夫，自然能夠大幅減少缺陷。

另外，精密陶瓷與使用天然黏土為原料的材料不同，能夠自由改變構成元素。可以成為製造電器的材料，例如電容器與電池的電極。在磁鐵那一章提到的鐵氧體等高性能磁鐵，和現在正在積極進行研究的高溫超導材料，也可以說是陶瓷的一種。

這樣的高科技材料已經深入我們四周，讓人無法想像沒有它們的生活。有意思的是，即使是這樣尖端的材料，其研磨成粉再搓揉燒製的基本過程，和繩文土器的製作過程完全一樣。

可以作為陶瓷器材料的元素超過一百種，如果再考慮到組合、比例、燒製溫度等條件，可以說有無限可能。和人類共存超過一萬年的陶瓷器，還隱藏著無限潛力。

第三章

動物生成的最棒傑作——膠原蛋白

為什麼人要旅行

我喜歡開車兜風，年輕的時候經常開著車，隨意地從日本北方的稚內，開車到南方的鹿兒島。拋開日常的工作與人際關係，只是隨意開著車，就能趕走平常的煩惱與鬱悶的心情。什麼也不管地到處走的念頭，出現在我腦海已經不只一兩次。

有著「想忘了時間，去這裡以外的任何地方」念頭的人，應該不會只有我。我認為人類的生物本能，一定包括漂泊之旅的慾望，否則為什麼人類的足跡會遍布世界的各個角落？生活範圍能夠從炎熱的沙漠地區到寒冷的南極之端的動物，除了人類，別無其他。

人類為什麼要旅行？一般認為最好一直待在安全的地方生活。既然如此，為何人類還會有那樣的遺傳本能？以我的角度來猜想，大概就是：因為喜歡到處走的人，更容易遇到新鮮的事物。發現與運用以前所沒有的優秀事物，在人類文明進展中不可欠缺。

遇到優秀的事物和想法時，興味相投的人就會交流彼此的想法，然後改良事物，促成優秀事物的進化。人的一生若只停留在一個地方，那麼了不起的想法就沒有機會互相碰撞與磨合。人類的互動是文明進步的要素。

關於這一點，馬特・里德利（Matthew White Ridley）在其著作《世界沒你想的那麼糟》

（*The Rational Optimist: How Prosperity Evolves*）裡，舉澳洲塔斯馬尼亞島（Tasmania）為例。塔斯馬尼亞島原本與澳洲大陸相連，但因為海面上升，而在一萬年前與大陸分離。如此一來，在別的地方發展出來的新技術進不了塔斯馬尼亞島，而島內原本的技術也因為沒有繼承著而逐漸消失。結果塔斯馬尼亞島在短短幾千年便失去了製作飛鏢、骨製釣針、捕魚陷阱與製作衣服的技術。斷絕與外部的交流，被迫過著自給自足的生活時，進步的速度就會停滯，開始衰退。對於不以力氣而以腦力為武器的人類來說，即使冒著極大的風險旅行，也要不斷移動自己的位置，與其他人進行交流、交易。這麼做非常重要。

當然，人類的旅行並非全然因為喜好，很多時候是迫於需要而必須長期漂泊。美洲原住民的血型大多是O型的這一事實，常被拿來當做這一點的佐證。美洲的原住民是當時陸地還相連時，越過如今的白令海峽，從亞洲到美洲大陸的人類子孫。在嚴酷的遷徙之旅中，很偶然的，有A型血與B型血遺傳基因的人減少了，這被認為是如今美洲原住民的血型大多是O型的原因。

但是，美洲原住民的祖先當時為什麼非展開嚴酷的遷徙之旅不可？他們遷徙到美洲的時間據說是一萬五千年前（但也存在別種說法），地球正好經驗了（截至目前為止的）最後冰河期，為了尋找食物的溫暖新天地，人類不得不展開不知道目的地在哪裡的漫長旅程。

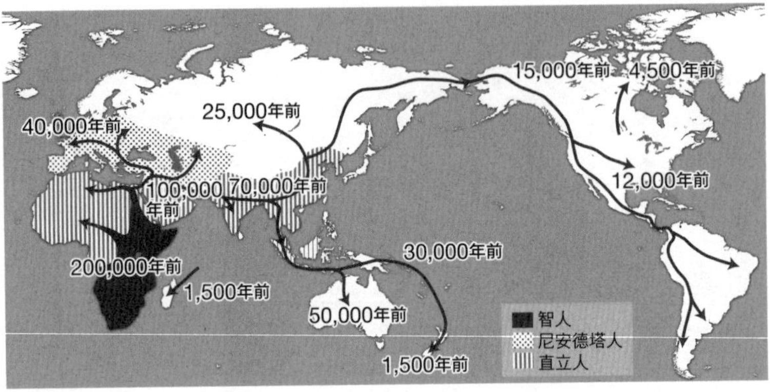

人類遷移路線

除此之外，人類還多次因為地球氣候寒冷化，而遭受食物危機。可以證明這一點的證據很多。與個體數相較，更令人驚訝的是人類的遺傳性特徵有同質性，這是眾所周知的事。經過數百萬年的歷史後，如今人類的個體數已經超過七十億，遺傳因子若因此產生更多樣的變化，也理所當然。

追究造成寒冷期的原因時，有人提出了多峇巨災理論。距今約七萬五千年前，現今印尼的多峇火山爆發了。據說當時火山噴出的熔岩量是一九八〇年聖海倫火山爆發時的三千倍，是一次巨大的火山大爆發。往上噴出的火山灰遮蔽了太陽的光熱，讓地球從此進入數千年的寒冷期，人類為了追求僅有的陽光與食物，陷入四處流浪的困境。

如果好不容易從那個時期存活下來的數千組夫婦，就是現代人類的祖先，就可以說明前面所述的遺傳因子的同質性。人類確實有可能被逼到瀕臨滅絕的情況。

拯救人類的毛皮

人類經歷過數次的冰河期，即使不處於冰河期，也常有必須前往寒冷地區的時候。此時，可以幫助禦寒的穿著，就是動物的毛皮。

從存留至今的洞窟與墳墓中的古老壁畫，可以看出人類從石器時代起，就懂得利用動物的毛皮。對過著狩獵生活的人類祖先而言，毛皮是比什麼都容易取得的極佳防寒衣物。

藉由披上強大野獸之皮，來承接野獸的強大力量，這是非常具有精神意義的象徵行為吧！用各種顏色與不同模樣的動物毛皮裝飾身體，也是服飾文化中值得紀念的第一步。

要取得動物的毛皮，就必須割開動物強韌的皮膚，削去多餘的脂肪與肉。但這樣取下的動物毛皮並不能直接拿來使用，需要加工「鞣」製，才能成為容易使用的皮革。

所謂的「鞣」，觀其形可以了解，就是讓皮革變柔軟的工序。削去容易腐敗的動物脂肪與蛋白質，讓膠原蛋白之間的鏈產生變化，可以使動物的皮變得柔軟且持久。人類過去鞣製皮的方法是用牙齒嚼皮，以唾液鞣皮，後來也開發出使用柿子所含的可溶性收斂劑等植物性單寧來鞣製皮革的方法。現代人利用鉻酸鹽等化學藥品來鞣皮，讓鞣製的工序更加省力。

這些工序需要熟練的技巧，製造線與縫針等工具也要高度的技術。製作毛皮的地方或許可以說是人類最早培育「手藝工匠」的場所吧？這樣做出來的毛皮服裝，保護著人們不受寒冷，守護著許多生命。

事實上還存在著一種說法，認為衣服的起源來自於前述提到的多峇巨災。寄生在人類身上的蝨子有兩種，一種是附著在頭皮的頭蝨，另一種是附著在衣服上的體蝨，而根據DNA的分析，可知這兩者的分化開始於約七萬年前。合理的推測是，人類為了克服多峇火山爆發引起的寒冷，所以發明了衣服。在許多物種被迫滅絕的氣候下，毛皮無疑是人類最可靠的盟友。

膠原蛋白的祕密

皮革柔軟又保暖，耐用又輕，因此可以想見，即使當今已經有各種替代材料，皮革仍然深受喜愛。

說到膠原蛋白，一般都會想到化妝品等與美容相關的製品。但實際上，膠原蛋白也是我

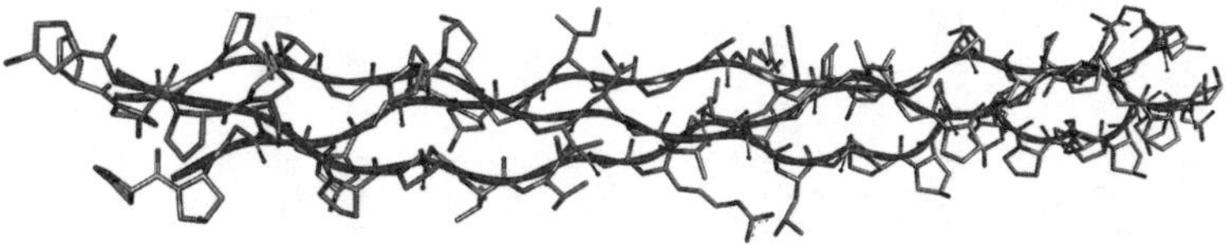

膠原蛋白的三重螺旋構造

們人體含有的許多蛋白質的一種。膠原蛋白藏在細胞與細胞之間，具有把細胞與細胞相互貼合起來的功能。

膠原蛋白也是骨頭的重要成分。磷酸鈣結晶隱藏在膠原蛋白纖維之間，因為構造似鋼筋混凝土，所以非常堅固。總之，支撐我們的身體，讓我們得以維持體型的，無疑就是膠原蛋白。因此，人體內的蛋白質中，有將近三分之一是膠質蛋白。

不過，在人體的蛋白質中占有壓倒性多數的膠原蛋白，卻是蛋白質中的異類。蛋白質是由二十種胺基酸在一定的排列組合下的長鏈，不只能像義大利麵那樣拉長，還能按既定的形狀折疊成球狀。蛋白質具有產生必要的化合物、傳遞訊息等功能，但如果不折疊成一定形狀的話，就無法發揮功能。

但是膠原蛋白是由三條拉長的長鏈纏繞而成的三重螺旋長纖維。還有，很多蛋白質是在細胞內工作，而膠原蛋白的工作場所在細胞外。

另外，膠原蛋白還含有幾乎在其他蛋白質看不到的奇妙胺基酸。膠原蛋白的脯胺酸與賴胺酸這兩種胺基酸上附著著羥基（氧與氫合成的原子團）。其他數萬種蛋白質的大多數，都是在只有二十種胺基酸的組合下發揮了各種驚人的作用，但膠原蛋白完全打破了那樣的規則。

多出來的羥基在打破那樣的規則中，扮演了重要的角色。如前所述，膠原蛋白是由三條長鏈纏繞而成的三重螺旋構造。附著於脯胺酸的多出來的羥基與鄰近氫鏈，藉著「氫鍵」的力量結合在一起，發揮鎖定三條長鏈的功能。

如果不鎖定這三條長鏈，就會有悲慘的事降臨。當維生素C攝取不足時，羥基的附著會變差，氫鏈也就不能鎖定三條長鏈，優質的膠原蛋白因此無法生成，最後就會出現全身血管脆弱的症狀。這就是壞血病（也稱為水手病）。這種病症雖然如今已不常見，但在大航海的時代，許多船員卻飽受摧殘。如果少了支撐人體的重要物質，即使身體只出現一點點缺陷，也會讓全體生命活動陷入重大危機。

膠原蛋白的特別結構不止如此，還有像交叉鏈接一樣把膠原蛋白的三重螺旋纖維之間連接起來的特殊結構。這也是在其他蛋白質上幾乎看不到的出格構造。這樣的構造讓鏈接在一起的地方形成網眼，從而成為強而有力的網狀結構。

交叉鏈接的數目越多時，整體就會越堅固，但也會因此不那麼柔軟。事實上，我們已經知道人類皮膚的膠原蛋白會隨著年齡的增長，增加連結三重蛋白纖維的交叉鏈接數目。人類的皮膚因為年紀而不那麼柔軟，產生皺紋，原因之一便是那樣的交叉鏈接數目變多。交叉鏈接結構是年輕與美容之敵，但想想這個結構能夠讓膠原蛋白纖維變得強韌，使毛皮結實且保暖，基於此，交叉鏈接的結構還是讓人感謝。

做為武器的膠原蛋白

膠原蛋白不僅能製造皮膚。如前所述，膠原蛋白也是骨頭的重要成分。肌腱更可以說幾乎由膠原蛋白所組成。對石器時代的人類來說，這些都是重要的材料。

在電影《2001太空漫遊》（*2001: A Space Odyssey*）裡有一個非常知名的場景：猴子把骨頭當做武器扔向天空，骨頭變成了軍事衛星。導演史丹利・庫柏力克（Stanley Kubrick）把骨頭這個人類最早的武器，對比軍事衛星這個最新銳的武器，將人類的歷史濃縮在這一場戲中。容易取得、堅硬又重量適中的骨頭和石塊一樣，是人類最早的強力武器。

當然，骨頭也被廣泛用於其他用途上。例如從日本長野縣野尻湖出土的舊石器時代器物中，有動物骨頭做的小刀、刮刀與尖頭器等等。在青銅等金屬普及以前，骨頭一直是貴重的硬質材料。

甲骨文

骨頭也可用於記錄事物。十九世紀末期，清朝的學者王懿榮因為要治病而買了被稱為「龍骨」的中藥材，發現藥材上竟然有類似文字的刻痕，也就是甲骨文，漢字的原型。

在中國的商朝，進行占卜時會使用燒烤過的金屬棒推壓牛或鹿的肩胛骨，然後再從肩胛骨的裂痕形狀來判斷吉凶，並且把占卜的結果刻在那片骨頭上。甲骨文就是這麼來的。這片骨頭在三千年後被挖出，在不知其真實身分的情況下被當成了中藥材。如果不是被在這方面頗有造詣的王懿榮看到的話，這片骨頭最後也會被磨成粉末，消失在人們的胃裡吧？幸虧占卜的結果被刻在骨頭這種堅硬而不容易劣化的介質上，如今的我們才得以看到漢字的原型，實在很幸運。

元朝的士兵也使用複合弓

弓箭的時代

膠原蛋白在兵器上的應用不僅僅是拿骨頭代替棍棒。富含膠原蛋白、彈性好的骨頭與肌腱，也是弓的好材料。

在歐洲出土的最古老弓箭來自大約九千年前。實際上，人類應該在更早之前就開始使用弓箭。弓箭能夠從遠距離準確射擊目標，它的發明有劃時代性的意義。因為有了弓箭，即使力量與速度不如猛獸的人類，也能安全地狩獵動物。可以說，由於弓箭的發明，人類一舉站上了食物鏈的頂端。

人類廣泛地使用弓箭，並且進行改良，以達到更長遠的飛行距離與快速射擊的要求。弓的主要材料是木材，但木材的彈性與剛性有限，於是開發出了在木製弓的內面貼接動物骨頭與肌腱的「複合弓」。複合弓型小而量輕，即使在騎馬時也能進行射擊，非常適合騎兵使用。蒙古帝國在征服世界時，複合弓便扮演了重要的角色。

為了製作出強而有力的弓，必須貼接彈性高的骨頭與肌腱，而用來貼接木頭與骨頭、肌腱的接著劑，便成為不可缺少的東西。而這樣的接著劑就是膠。

如前面所述，膠原蛋白是三重螺旋的結構，一旦放人水中煮，結構解鎖，三條鏈會變得鬆散，吸足水分膨脹成塊狀，成為明膠，是製作果凍、肉凍、軟糖等的重要食材。

膠水也是以明膠為主要成分的材料。膠原蛋白（Collagen）（譯注：是構成脊椎動物的真皮、韌帶、腱、骨、軟骨的主要蛋白質之一，也稱為骨膠原）一詞以「膠」（Colla）為語源，與繪畫技巧的「拼貼畫」（Collage）（譯注：拼貼時須要用到膠水）有相同語根。膠原蛋白在日語中稱為コラーゲン（Collagen）的由來，便在於此。

因為骨頭與肌腱是膠原蛋白，而膠水的成分也是膠原蛋白，所以說複合弓就是用膠原蛋白黏貼膠原蛋白而成的武器。這是藉著材料的優秀力量，以各種方式強化人類能力的絕佳例子。

今日的膠原蛋白

隨著時代進步，金屬器物與陶器普及，骨器不再活躍。但另一方面，毛皮繼續受到人們的憧憬。埃及的法老王披上豹皮與獅子的毛皮來表現自己的神性，歐洲的國王與貴族也穿著毛皮競奢。名畫《拿破崙加冕禮》中，拿破崙披著白貂斗篷入畫。在漫長的歷史中，毛皮一直保有象徵權力與財富的地位。

因此，尤其是近代以來，世界上一直存在著有組織性的獵取毛皮動物的行動。對有著漂亮毛皮的動物來說，沒有比這個更大的災難。許多動物因為毛皮而成為獵物，被迫瀕臨絕種。日本在進入明治時代後，也為了取得外匯而大肆獵捕毛皮優、保暖性佳的日本水獺，讓日本水獺的數量迅速銳減。自一九七九年以來，就已不見日本水獺蹤跡，到了二〇一二年，甚至將其列為「滅絕物種」。

披著白貂毛皮斗篷的拿破崙

近年來保護野生動物的意識抬高，反對穿著毛皮服飾的運動興起，在合成皮革（塗了合成樹脂的布料）技術的進步下，不論外觀還是保暖性都不亞於天然皮革的製品問世，終於遏止了毛皮動物銳減的情況。同時也較少看到其他皮革製品。

另外，攝影用的膠卷，也是膠原蛋白發揮功能的地方。彩色照片是在塑料膠片上分散各種感光劑，以層狀重疊的方式塗上而成的。膠原蛋白能夠長期保存，在顯像時保存水分，是非常適合成為攝影膠卷的材料。

但進入二十一世紀後，數位相機快速普及，攝影用的膠卷在極短的時間內便從市場消失。如今大家都已使用手機拍照，馬上就能將照片利用社群軟體傳送到世界各地。感覺上，帶著膠卷去照相館沖洗顯像的時代，似乎已經是遙遠的過去。

那麼，可以讓膠原蛋白活躍的場所，就這樣消失了嗎？當然不是。非常能與活體相容的膠原蛋白，擴展了其在醫療生技領域的運用空間。膠原蛋白已受到廣泛使用，成為化粧品與醫藥的添加物。

另外，進行外科手術時，也會使用膠原蛋白做的傷口縫合線。因為人體會在手術後逐漸分解、吸收那樣的線，所以沒有拆線的必要。美容整形時打入膠原蛋白也是同樣的道理。又，隱形眼鏡與牙周病的治療，也都會使用到膠原蛋白。

目前，膠原蛋白已經成為再生醫療不可缺少的材料。這是以自己的細胞為基礎，再造因為生病與受傷而失去臟器或身體機能的移植治療法。和使用他人臟器的移植手術相較，使用這樣的治療法可以減少排斥反應與倫理方面的問題，做為未來醫療引起很大的注意。

不過，並不是給細胞營養，細胞就能夠隨意增加。而且，要用於臟器移植時，必須讓增加的細胞形成必要的形狀。因此，鋪在凝脂狀的膠原蛋白的培養細胞手法，被廣泛地使用。

膠原蛋白原本就有拼貼細胞與細胞的功能，與細胞的兼容性特別優越。另外，相較於其他蛋白質，有著特殊結構的膠原蛋白更不容易引起過敏反應。因為這樣的優點，膠原蛋白是再生醫療不可欠缺的材料，與軟骨或粘膜組織等細胞結合的製品也已經問世。今後一定有更多領域會運用到膠原蛋白。

膠原蛋白這個開拓人類的行動範圍、擴大人類能力的材料，現在又扮演著延長人類壽命的角色。如果說從植物生成的最佳材料是纖維素（將在第五章詳述），那麼從動物生成的最佳材料，就是膠原蛋白，別無其他。

第四章
創造文明的材料之王——鐵

材料之王

本書的主題是材料，那麼，世界上最重要的材料是什麼呢？這個問題答案當然見仁見智，但若問我這個問題，我的答案是鐵。西元前十五世紀左右，興起於小亞細亞的西臺（Hittite）人開始使用鐵以來，鐵一直是我們人類社會的生活中心，對文明的發展做出貢獻。日本鋼鐵研究的第一人，被稱為「鐵之神」的本多光太郎（一八七〇～一九五四）曾說，日本字「鉄」的源頭是漢字「鐵」，把「鐵」這個字拆開來看，就是「鐵是金屬之王」。既然鐵是金屬之王，說成為材料的鐵是材料之王，應該也很恰當吧！

本多光太郎

鐵作為武器時，比木材、石頭更能發揮威力；而做為鋤頭或鎌刀等農具時，也能夠有效率地開墾土地。有了鐵做的工具，鑿石或砍木頭就變得容易，因此建築的進步不能沒有鐵。如果沒有鐵，人類現在還過著原始的農耕與狩獵的生活，也只能住簡陋房子。「鐵是國家」是德意志帝國的宰相俾斯麥的名言，但說鐵是城市、是產業、是文明，也再恰當不過吧？

為什麼說鐵是材料之王？因為它很堅硬？這個回答並不正確。事實上純粹的鐵本身是銀白色的柔軟金屬。我們之後會提到，鐵可以藉著與其它元素結合成的合金，來改變性質。不過，即使如此，其硬度仍然不及鎢合金。

還有，鐵很容易生鏽。大家還記不記得學生時代在上化學課死背「游離傾向」？簡單來說，那就是背誦金屬容易生鏽的記憶。在教科書中提到的十六種代表性元素中，鐵排在第八位。也就是說，和金銀銅與鉛比起來，鐵更容易生鏽與劣化。這一點是鐵做為材料的大缺點。

又，鐵的可加工性也不算高。因為鐵的熔點高達一千五百三十五度，為了煉鐵時需要的高溫，必須擁有高度技術，使用「風箱」等工具不斷送空氣進入爐內。世界上有很多地區青銅器文明的高度發展早於鐵器文明，因為青銅器的熔點為九百五十度，相較鐵來得低，所以容易製造出器物。

那麼，鐵的優點是什麼？答案是：鐵的產量壓倒性的大。「克拉克值」指的是化學元素存在於地表上的含量百分比，而鐵的比例是四．七％，占第四位，在金屬中僅次於鋁（詳見第十章。鋁因為很容易和氧反應，是不易抽取出來的金屬，所以很晚才做為材料使用）。

元素	克拉克值
氧	49.5
矽	25.8
鋁	7.56
鐵	4.7
鈣	3.39
鈉	2.63
鉀	2.4
鎂	1.93
氫	0.83
鈦	0.46

克拉克值

然而，克拉克值所顯示的數字，只以存在於地殼與海水中的元素為對象。事實上地球內核及外核，都含有大量的鐵元素，其重量大約占了地球全體重量的三成。因為鐵很重，所以在地球剛剛誕生，還處於泥漿熔化的狀態時，便大多沉到地核之中，只有極少的鐵殘留在地表上。不過，即使如此，鐵的含量仍然在所有元素排名中位居第四，所以前面說鐵占有壓倒性的存在量，應該可以理解吧？我們所居住的地球，是一個鐵的行星。

著名的科學作家卡倫・菲茲杰拉德（Karen Fitzgerald）在其著作《鐵的故事》（*The Story of Iron*）中提出，「民主主義的成立，是因為鐵普遍存在的關係」這個理論。青銅的基礎礦石很稀有，所以只有某些統治階級能夠擁有。但是鐵礦到處存在，只要知道冶煉的方法，一般民眾也可以取得。因此，這樣強大的武器並非國王所獨占，而是可以給予民眾力量的東西。

在改變歷史的材料中，有因為其稀有性而受到推崇，人人都想得到；也有因為價格便宜、可以大量生產，而成為改變世界的材料。本書第一章提到的黃金是前者，而本章提到的鐵，就可以說是後者的代表了。

一切都變成Fe

為什麼鐵這個金屬的含量，比其他金屬更多？其答案就隱藏在核子物理學裡。

元素與元素組合，可以成為新物質。動植物和化學家日以繼夜地在組合元素與元素（所謂的化學反應），以製造出有用的物質。但是，基本元素無法使用燒瓶製成，也不能變成其他元素。如第一章所述，鍊金術師經過數千年的努力，也做不出一粒如細沙般的金子。

那麼，構成我們的身體和許多物質的碳、氧及鐵等元素，又從何而來？答案在星球之中。太陽般的恆星內部，溫度超過一千萬度，這個強大的熱能讓原子核之間發生融合。我們的太陽中最小的元素「氫」相互融合後，便產生了第二小的元素「氦」。

在更古老的巨大星球，重元素之間的融合會誕生出更重的元素。但是這樣的重元素融合會止於某一個界限，超過那個界限的話，原子核就會變得不穩定，會停止元素間的融合。那個界限便是鐵。鐵由二十六個質子和三十個中子構成，其原子核是所有原子核中最穩定的其中一個，不管是比它小還是比它大的原子核，都會趨於不穩定。這就是鐵之所以大量存在的理由。

那麼，比鐵更重的元素是怎麼形成的呢？一直以來人們相信這是巨大恆星接近末期面臨毀滅時，「超新星爆炸」的結果。但是，根據近年來的研究，更有說服力的說法是，那是中子星（neutron star）這樣的重星球在衝撞合體時生成、釋放出來的。地球上的金、銀，及我們體內的鋅、碘等重元素，都是這樣形成的「星球屑」。但是，這些重元素最終都會分裂，並且沉積在鐵上面。

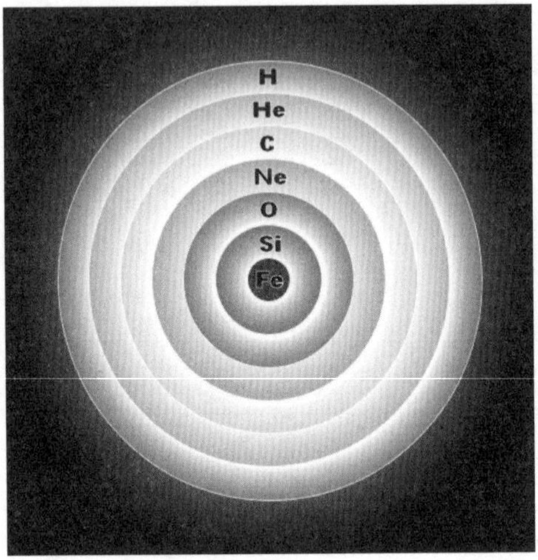

古老而巨大的恆星斷面圖

根據推測，宇宙誕生於一百三十八億年前。現階段全宇宙的元素有九三%以上是氫元素，和第二多的氦元素合起來，占地球所有元素的九九．八七%。但是，經過數百億、數千億年的漫長時間流逝，鐵占的比例將會逐漸增加。就像河水會自然地流向凹地一樣，人們相信所有元素的含量最終都會演化到與鐵相同，也就是說一切都會變成鐵。當然，在一切都變成鐵之前，所有的生命體都將從這個宇宙消失。沒有人可以看到那個只有鐵的冰冷寂寞空間，那就是這個宇宙的未來。

鋼與破壞森林

不過，鐵的優勢不只是因為量多，更重要的特質是，能夠和其他金屬融成合金，發揮更優秀的特性。例如成為磁鐵這種世上常見的特別金屬。關於磁鐵的性質，將在第九章詳述。

鐵的合金中，最重要的就是前述的鋼鐵。鋼是含有〇・二～二％碳的鐵。因為含有碳，鐵變得有驚人的硬度與堅韌度，可以在敲擊後拉長及延展，做為極為銳利可以切砍的刀刃。日語「はがね」（音：hagane）的漢字表現是「刃金」，意思就是「鋼」。

本章開頭時曾提到，西元前十五世紀左右，西臺人最早使用鐵。其實這種說法並不正確，因為在更早之前，世界各地就有以隕鐵為材料鑄劍的紀錄。此外，世界各地也都知道用高溫加熱鐵礦石時，可以煉製出海綿狀的鐵，並製成各種器物。只是那時煉製出來的器物不夠堅硬，不適合製作成刀器或建築材料。

西臺人發明的技術是，把海綿狀的鐵做成刀器的形狀後，放在木炭中高溫燒製，讓軟鐵變成硬而堅韌的鋼鐵。

話雖如此，並不是只要把鐵和木炭加熱，就可以做出鋼鐵這麼簡單。如前所述，要熔化鐵需要極高溫的火焰，因此必須不斷送進氧氣，保持高火力。再者，如果碳元素的含量太多，鐵會變脆，在撞擊下容易碎裂。西臺人開發出的技術能控制這些條件，煉出高品質的鋼。

他們靠著鋼鐵製的強大武器，控制著小亞細亞，自豪於擁有入侵現在的敘利亞與埃及的強勢。隨著煉鐵技術的出現，人類在文明史上跨越了極大的速率決定步驟。

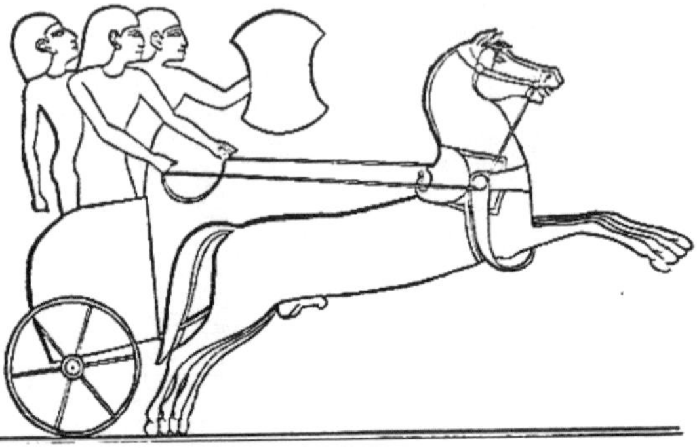

埃及壁畫上的西臺人戰車

西臺人隱藏了讓他們變得強大的泉源——鋼鐵的煉製方法，卻還是不能讓他們的帝國長存，而在西元前一一九〇年左右滅亡。雖然叛亂與異族入侵的確造成西臺的滅亡，但是他們為了確保煉鋼時所需的木炭，而把森林破壞殆盡，據說也是重要的原因。儘管西臺人有了強大的武器，卻還是無法避免陷入巨大產業破壞環境的困境。

有一種說法是，西臺人為了尋求森林而東進，後來被稱為「韃靼人」（Tatar）。他們的煉鋼技術在四至五世紀左右傳入日本，日本一種從遠古發展至今的煉鐵方法「吹踏鞴煉鐵法」（たたら製鉄，英：Tatara）一語就是從「Tatar」這個名字來的。這種說法乍看之下很像穿鑿附會之說，但是二〇一五年時，韃靼斯坦共和國的科學技術聽來日本的島根縣，調查與「吹踏鞴煉鐵法」的關係，可見韃靼人的煉鋼技術傳入日本之事，似乎不能說是無稽之談。

（然而，關於西臺人最早煉鋼、煉鋼的技術因為西臺帝國瓦解而散播到其他地方的論述，近年來也遭到質疑。理由是，在比西臺人更早的文明遺跡中挖掘出了鐵器，也沒有發現西臺帝國有異族入侵的痕跡。所以說，最早煉鐵的到底是誰，似乎有必要再進一步研究進展。）

確保煉鐵有足夠的木材是重要的關鍵。舉例來說，日本的吹踏鞴煉鐵，一個爐所需要的木材，就包含了一千八百公頃的廣大森林。南側有著日本中國山地的豐饒森林的出雲，能夠成為吹踏鞴煉鐵的重鎮，絕非偶然。

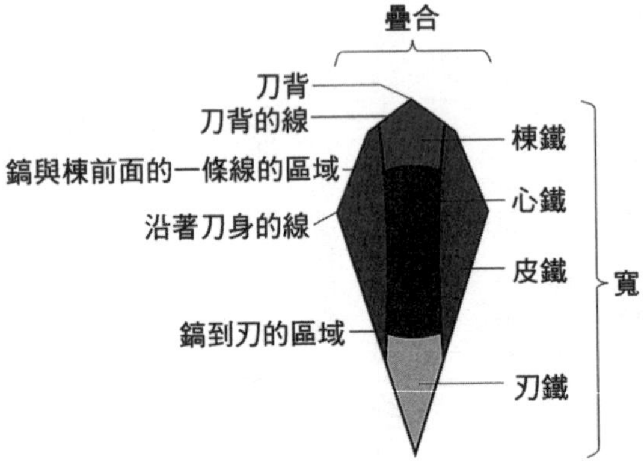

日本刀的構造

治鐵的精華——日本刀

總之，治鐵技術在日本經過磨練而開花結果。日本刀應該就是日本治鐵技術的精髓了。刀必須有著能夠斬斷對手的骨頭、鎧甲的硬度，與遇到撞擊也不會折斷的強度（韌性）。但是，鋼鐵中的碳元素含量如果太少，就會變得雖然強韌卻柔軟，不夠堅硬；碳元素太多則雖然堅硬卻易脆。雖然加強厚度後可以讓刀變得結實，但又會讓刀身變重，不利舞動。

鑄刀師必須成功兼顧這種矛盾的條件。刀身的內側，也就是芯的部分要使用低碳元素的強韌鋼，刃的部分使用高碳素的硬鋼。還有，藉著澆水的動作，讓在火中燒的刃急速冷卻，改變鐵的結晶構造，由此產生稱為「麻田散鐵」的構造，這是鐵和碳元素合成的最硬組織，增加了刃的鋒利度。

此外，由於麻田散鐵的組織膨脹的關係，刃側會伸長，日本刀的彎曲就是這樣形成的。如此一來，因為刀芯被壓縮了，刀也就變得不易斷裂。又，將淬火的刀再加熱，進行「回火」，以此穩定內部容易變形的不安定結構，就可以做出更難斷裂而堅韌的刀。

雖然簡單來說只是鐵，但根據加入的微量成分與鍛造方法的不同，卻也可以牽引出鐵的多種不同性質。對於能夠巧妙運用鐵這種深奧材料的性質，製造出種種優秀產品的人類智慧，我們不得不再次驚嘆。

「不會生鏽的鐵」誕生

英文中有一句慣用語「Painting the Forth bridge」（為福斯橋刷油漆）。福斯橋位於英國愛丁堡，是全長兩千四百六十七公尺的橋，於一八九〇年開通，在技術史上有其重要性，二〇一五年時還被列為世界遺產。

但是，這座橋因為常年受到海風吹襲，處於極容易腐蝕的環境之中，因此有將近三十名的員工在維護這座橋，經常進行檢查與修護，每三年必須重新油漆整座橋。所以說

「Painting the Forth bridge」帶有「沒完沒了的工作」的意思（不過，二〇一一年福斯橋進行了一次可以維持二十五年表面塗層工作，讓已經持續了一百二十年以上的維修工作，可以暫時休息）。

如前所述，鐵流淚的地方就是容易生鏽的地方。若無人們的努力維護，福斯橋恐怕很久以前便坍塌了。因此，擁有不須維護也不會生鏽的鐵，是人類的一大夢想。

眾所皆知「不會生鏽的鐵」，是印度的大馬士革鋼。這種鋼的特徵是表面有漂亮的木紋花樣，做成的刀器非常銳利，可以輕易切砍鐵製的鎧甲。據說著名的「德里鐵柱」也是大馬士革鋼所製成。「德里鐵柱」已經有一千五百年以上的歷史，至今仍然矗立，不見腐朽。

傳說大馬士革鋼的煉製技術只能父子相傳，保密得非常好。有一個傳說是，把燒得熾熱、如太陽一般發亮的鐵刺入強壯的奴隸體內，奴隸的力量就會轉移到刀劍上。但是，所有詳細的煉製法都已失傳。

此外，電鍍可以提高鐵的耐蝕性。用錫電鍍鋼板的馬口鐵、用鋅電鍍的鍍鋅鐵板、用玻璃材質燒製的琺瑯等等，都是大家熟悉的電鍍鐵製品。只是，這些鐵製品的表層一旦受損，還是免不了生鏽的命運。

實現人類三千五百年來夢想的「不會生鏽的鐵」，就是不鏽鋼。不過，不鏽鋼的出現純

德里鐵柱

屬偶然。一九一二年，英國的哈利·布萊爾利（Harry Brearley，一八七一～一九四八）在鋼鐵公司研究能夠承受槍支爆炸的金屬，有一次他試做了添加了二〇%鉻的鋼鐵，但因為加工性不佳，這樣的鋼鐵成為失敗之作，布萊爾利便隨意棄置，久而久之便將之遺忘。但是幾個月後再見到這塊合金時，發現它竟然完全沒有生鏽。從那時起，這塊合金便再度被拿來研究，最終研發出克服不良加工性的不鏽鋼。這樣的不鏽鋼在我們周遭受到廣泛使用，改變了我們的生活，這是無須再多說的事實。

然而，準確的說，不鏽鋼並不是不會生鏽。事實上是不鏽鋼的表面所含有的鉻受到氧化，形成一層結實的薄膜，不讓鏽滲透到內部，阻止了氧化的攻擊之故。

此外，具有強度、高加工性、容易焊接等等特長的特殊鋼也被發明出來，便利了我們的日常生活。能夠搭配其他金屬製作出各種合金，正是鐵這個元素的一大魅力。

鐵成為文明

煉製鋼鐵的技術現在也還在持續進步中，現代的高爐一天可以煉製一萬噸以上的鋼。二〇一五年，全世界的粗鋼生產量是十六億二百二十八萬噸，厚度相當於東京二十三區全面積三十公分。鐵占了所有金屬總生產量的九成以上。

鐵就是力量，這是至今不變的事實。鋼鐵的生產量，是表現國力的最佳指標。工業革命後，英國的國力最強；第二次世界大戰後到一九七〇年左右，美國國力強盛，曾壓倒性領先全球；但蘇聯又趁著石油危機的局勢，超前了美國。到了一九九〇年代，蘇聯瓦解，日本跑到了全球第一的位置上，一九九〇年代後期中國崛起，出現爆炸性的成長，現在的生產量占全世界的五成左右。

另一方面，鐵的高附加價值化也在發展中。現代的煉鋼廠在要求大規模生產的同時，也嚴格實施溫度管理，在強度、易於延伸、熔接等等的各種要求下，生產所需要的鋼鐵。鍊金術師雖然無法冶煉出黃金，但是後繼的科學家卻成功地從鐵創造出許多比黃金更有用的金屬。

如此看來，與其說是人類利用鐵讓文明得到發展，還不如說是人類順著鐵的特性來發展文明。雖然目前塑料、碳纖維等優秀材料陸續問世了，但至今還沒有出現可以完全取代鐵的材料，以後恐怕也不可能出現。自西臺人以來，人類一直生活在「鐵器時代」之中，恐怕只要人類存在的一天，鐵就不會退下材料的王座之位。

第五章

傳播文化的媒體帝王——紙（纖維素）

從紙到液晶顯示器

應該有不少人在夏天為了割除院子裡生長茂盛的雜草而感到頭痛吧？看起來柔弱的草，一旦想要去除時，為什麼突然變得那樣堅韌？除草完看著手掌上像豆子般一粒粒的繭，不禁讓人感到生命力的強大。

從地面冒出來，不會逃走也不會追逐獵物的植物，為了延續生命而產生了各種結構。它們因為擁有強壯的纖維，即使強風吹襲也不會倒下、折斷；纖維就是支持他們生存的支柱。

植物的外表、生命週期、生活環境形形色色，種類多到令人驚訝。而許多植物則擁有著共同的特點，例如有強大的纖維素、靠著葉綠素進行光合作用，以及有足以耐寒與耐乾燥的種子。這些特點或可說是植物在進化過程中創造出來的「三大發明」。

植物的韌性來自於纖維素與木質素。以人體來說的話，前者是骨骼，後者是肌肉。植物為了完全覆蓋行星的表面而繁衍，纖維素與木質素的組合則成為繁衍的一大武器。例如：纖維素占了樹木重量的四〇～至五〇％，因此，纖維素可以說是地球上最多的有機化合物，據說全球的植物一年總共可以生產一千億噸的纖維素。

人類應該善加利用如此龐大存在的有用物質。其實，可以說我們的周遭到處都有纖維素。如前所述，木材的主要成分是纖維素，而木材做為建材與燃料，可以說自古以來就是最靠近人類的材料。而麻與棉等布料更是純粹的纖維素，更是做衣服的重要材料。食物纖維大部分是纖維素，醫療用的錠劑也利用了纖維素。就連細菌都會產生纖維素，例如椰果就是醋酸菌產生的凝膠狀纖維素。

對纖維素進行化學處理的產品，也被廣泛使用著。醋酸纖維素就是其中的代表，以前常被拿來使用的賽璐珞，也是纖維素做成的（請參閱第十一章）。被稱為醋酸纖維素的物質廣泛運用在攝影膠卷與液晶顯示器上，可見纖維素在高科技製品中也不可或缺。

不過，說到與我們最接近的纖維素製品，應該就是紙吧！不僅是書與筆記本等記錄訊息的媒介是紙張，還有糊在日式拉門上的建築材料與紙箱、包裝用的包裝紙、紙杯、牛奶盒等容器類，以及咖啡的過濾紙、紙尿布、紙巾等等日用品，我們人類每天的生活裡，可以說沒有一日不需要紙的幫忙。若問人類史上最大的發明是什麼，答案當然有百百種，但紙必定是其中強力的候選者。

紙的發明

像紙這種自古以來就受到廣泛使用的材料非常少見，連發明者的名字與年代，都有著清楚的記載。紙的發明者是東漢的宦官蔡倫。蔡倫擔任過中常侍這個宦官的管理職後，又任尚方令一職。尚方令負責製造皇帝的御用物品，換句話說，蔡倫是掌管宮廷工坊的官。蔡倫非常擅長發明的工作，製作出來的器物以精密著稱。蔡倫結合與生俱來的天賦與可以不斷嘗試實驗錯誤的官職，開創出歷史性的革新產品。

後漢宦官蔡倫

史書記載，西元一〇五年，蔡倫（六三～一二一）以樹皮、碎麻繩、破損的魚網等物為材料，發明了薄而耐用的紙張，獻給東漢和帝，和帝大喜，盛讚其才能。

蔡倫發明紙以前，記錄訊息的主要媒介是用數片木片或數片脫脂的竹片綑綁而成的木簡或竹簡。不用說也知道，不管是木簡還是竹簡，都是體積大且難以處理的東西。而紙，不僅容易書寫、不占空間，藉由捲起、折疊，紙可以收集更多情報，絕佳的便利性是木片、竹片所無法比擬的。

不過，蔡倫以前的時代並非全然沒有類似紙的東西。目前為止發現最古老的紙，是在中國甘肅省天水市出土的「麻紙」，被認定是西元前一七九～西元前一四二年左右的東西。而西漢宣帝（在位期間為西元前七四～西元前四八年）時被製作出來的「懸泉紙」，則被認為是最早可以用於書寫的紙。

又，除了中國以外，埃及人也很早就發明類似紙的莎草紙（將紙莎草莖的皮排放在一起，壓搾成薄片）。不過莎草紙的品質差，而且價格十分昂貴。

蔡倫的功績在於以身邊的材料與廢棄物為基礎，用低廉代價製作出紙張。他的紙薄而結實，具有以前的紙無法比擬的高品質，是真正顛覆性的創新產品。

那麼，蔡倫是如何造紙的呢？首先，把洗淨的碎麻布和灰一起煮。用現代科學的角度來看，這是透過鹼加熱來分解、去除雜質，取出純粹纖維素的做法。接著把取得的純粹纖維放入臼中搗打，再放進水中分散開，然後用鋪上網的木框撈起、充分曬乾後，紙張便能形成。這樣的造紙方法基本上與將近兩千年後的現代製紙法相同。如此想來，雖然說蔡倫以前就有類似紙的東西，但是說蔡倫是紙的發明者，也無不妥。

纖維素強度的祕密

為什麼紙可以又薄又結實？我們且用化學的角度來看其原料纖維素吧！纖維素由多個葡萄糖分子組成，具有長長連結成一直線的構造。也就是說纖維素是葡萄糖形成的鏈條。直接以植物葉子進行光合作用後產生的葡萄糖非常有效率，並且可以大量生產。

葡萄糖分子擁有數個羥基（氫和氧各一所組成的基團）。整個纖維素擁有成千上萬個氫與氧。這些氫與氧相互吸引結合，形成氫鍵。雖然氫鍵的強度只有普通原子之間的鍵（共價鍵）的十分之一左右，但許多氫鍵聚在一起時，還是會發揮出不容小覷的力量。

通過氫鍵，相鄰的葡萄糖或不同鏈的葡萄糖分子彼此吸引、連接與結合後，便形成了非常堅固的纖維。因為纖維素幾乎沒有空隙可以讓其他分子或分解酶進入，所以經過長時間後仍然可以穩定存在。因為纖維素強韌纖維的力量，完成於一千數百年前的木雕佛像，至今仍然可以以當年的姿勢接受人們的膜拜。

並非只有纖維素是由許多葡萄糖連結的化合物，直鏈澱粉——也就是我們日常使用的澱粉，也是由葡萄糖長鏈形成的。如果畫成平面圖，這兩者看不出有什麼區別。然而纖維素與直鏈澱粉的性質其實有著天壤之別。紙與棉不能吃，而鬆軟的飯不能拿來穿，也不能在上面

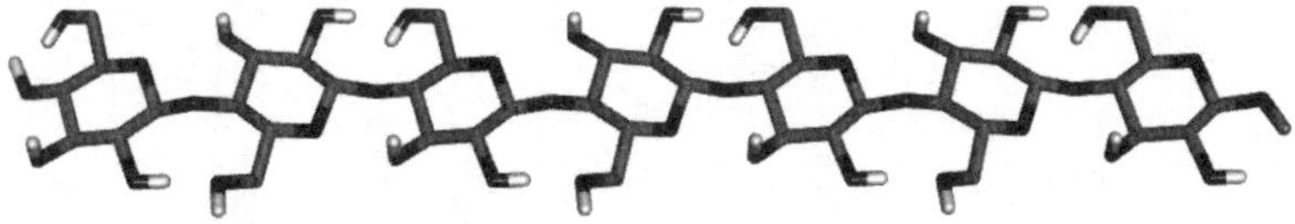

纖維素的構造

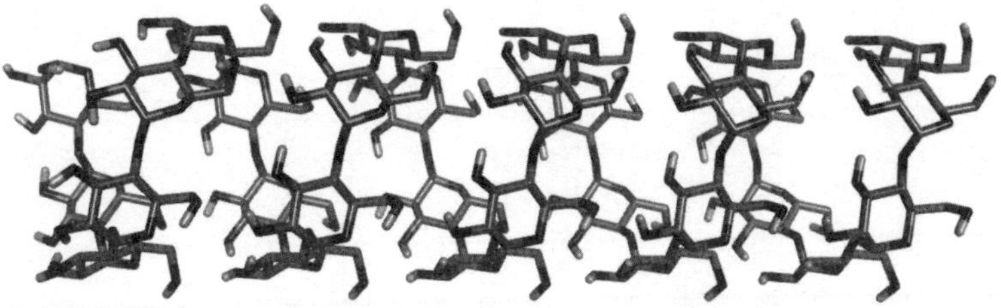

直鏈澱粉的構造

寫字。

纖維素與直鏈澱粉的不同之處只有一個，那就是葡萄糖分子連結的方法不一樣。纖維素的葡萄糖分子是直線連結，而直鏈澱粉的葡萄糖分子是螺旋狀連結。

因為纖維素是直線型的，容易綑成束，所以形成空隙少的纖維。而直鏈澱粉的螺旋連結葡萄糖分子在乾燥的情況下也很穩固結實，但在水分子進入後，螺旋就會變得鬆弛，容易受其他分子的入侵。前者是生米，後者是煮好的米飯。

鬆緩狀態下的直鏈澱粉在體內酶的作用下，很容易被分解成葡萄糖單位。也就是說，直鏈澱粉具有方便保存營養源的特性。很多種子與薯類植物就是以直鏈澱粉的形式來保存能量。

植物以最容易生產的葡萄糖為基礎，生產結

實又柔軟的極佳建築材料與為了生養下一代的優秀能量來源。大自然的巧妙真的令人讚嘆！

洛陽的紙價

紙的優點是適合記錄資訊、傳達資訊與留下資訊。秦始皇「焚書」時，要把被他征服的國家的史書、佛家的經典等等不利於己的書籍全部燒毀。這是紙發明以前的事，所以當時燒掉的是記載在木簡上的資訊。用燃燒的方式來銷毀資訊，是很簡單的事。

紙怕火是不會改變的事實，但因為紙可以大量生產又便宜，所以便於複製資訊，也容易分散保存。因此，就算被燒毀一本、兩本，資訊也不會因此就完全消失。這樣低成本而可以大量生產的媒介，改變資訊存在的方式。

紙的出現也為文化帶來很大的影響。中國的漢字原本來自刻在牛、馬的骨頭與刻在龜甲上的文字（甲骨文），在木簡與書寫用的筆普及後，漢字的字體發生變化，篆書與隸書誕生。在紙已經發明出來的東漢時代，也出現了現代的我們所熟悉的楷書與行書，不少名家因為書寫之道而留名青史。東晉時，紙的品質改善，有書聖之稱的王羲之（三〇三～三六一）大受推崇，書法的地位提高，進入了藝術的領域。

紙是容易保存且便於攜帶的媒介，非常適合傳播文化。西晉（二六五～三一六）的文人左思（二五二？～三〇七？）花了十年的時間完成了《三都賦》，大獲好評。在人人爭相抄閱下，洛陽的紙張出現供不應求的情況，導致價格暴漲。這就是用「洛陽紙貴」形容書籍暢銷的典故。

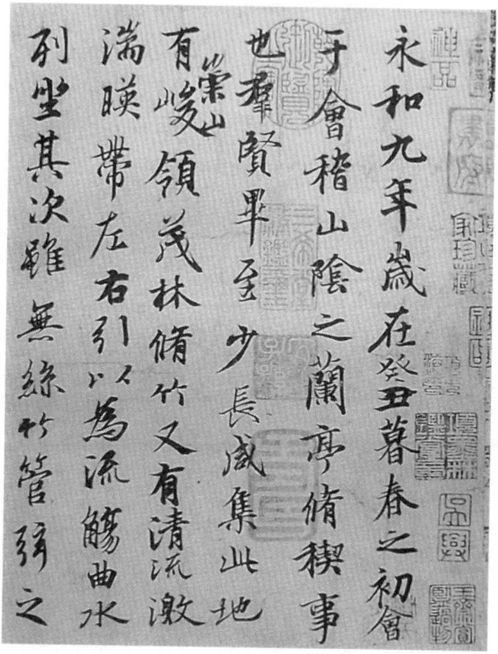

王羲之的行書《蘭亭集序》

「科舉」也是若非紙張普及就無法成立的制度。科舉是指從一般人中選拔有才能的人來為國家做事、成為官僚的考試制度。不問家世而選拔出民間賢才的科舉制度，是劃時代的制度，但這樣的選拔人才制度競爭十分激烈，被選中的機率只有三千分之一。

科舉考試的題目通常來自《論語》、《孟子》等所謂的四書五經，考生必須合計約四十三萬字的四書五經的內容及其注釋。這樣的科舉考試也伴隨著不正當的行為，上面密密麻麻寫了數十萬字的作弊用內衣，甚至被留存到現在。不管是為了學習或考試，大量的紙張應該都是必需品。

中國的科舉制度始於六世紀末的隋文帝時代，一直持續到二十世紀初。許多有名的政治家便是透過科舉制度的選拔，才在朝廷中占有一席之地，進而撼動歷史。但若是沒有紙與筆這樣的書寫工具，這種大規模的人才選拔系統，大概就無法存在了吧？

傳入日本

造紙技術不久後便開始傳播到世界各地。日本最早的造紙紀錄是西元六一〇年日本推古天皇在位時，來自高句麗的僧侶曇徵造紙。不過，在此之前日本已有戶籍資料的登載，可見需要紙張的工作早已存在，因此，有可能在更早之前，紙就已傳入日本。

幸運的是，日本有結香、楮樹等可以製作出優良紙張的植物。在造紙的過程中，又發現了摻入從黃蜀葵的根部取得的黏液後，可以做出薄而結實的紙。若和後述的歐洲例子相較，就會了解這些植物對日本文化有多大的影響。

和紙（日本紙）強韌的其中一個祕密，就是從楮樹等植物中取得的長纖維。還有，充當「黏合體」的黏液主要成分是多醣類，和纖維素一樣是由數種糖所組合。由於氫鏈將它們緊密結合在一起，所以和紙具有既強韌又柔軟的特性。

日本的風土加上造紙經驗的不斷累積，才誕生出和紙這個獨特的文化。日本能夠輕鬆取得造紙的優秀材料，是以《源氏物語》為首的日本文學早早就在日本發展起來的一大要因吧！

紙不只是記錄資訊的媒介。障子和襖這類和式門使用了很多紙，也可以說是日本房屋的特色。又，以紙做出花與動物等等形狀的「摺紙」藝術，也是日本特有的紙文化。日本以外的其他國家雖然也有摺紙的趣味活動，但薄又結實的和紙更能摺出複雜的造形，所以日本的摺紙藝術發展得更為出色。現今，「origami」（摺紙）一詞，已經是世界的共通語言了。

自明治時代以來，因為機械製的西式紙張普及，傳統和紙的生產隨之銳減，但是和紙的美與堅韌，至今仍被視為工藝品而極受喜愛。日本的紙幣也使用了結香這個造紙的材料，和紙的傳統仍然與日本人形影不離。

傳到西方的紙

西元七五一年，唐朝的大軍往西方擴展勢力，與時為阿巴斯王朝的新興起伊斯蘭帝國在當今的哈薩克斯坦附近爆發衝突。這就是世稱的「怛羅斯之役」。在此戰役中唐朝的軍隊失利，受損極大，根據伊斯蘭方面的史料，當時唐軍的俘虜多達兩萬人。

這一戰對後世有很大的影響，但原因不是戰爭的本身，而是被俘虜的唐軍中有懂得造紙的工匠。首次接觸到紙的阿巴斯王朝，一定馬上就發現到紙的重要性與方便性了吧？他們開始尋找可以造紙的材料，也花功夫去研究造紙的方法。西元七九四年，阿巴斯在首都巴格達建造紙廠，開始將紙張用於行政文書與公文上。

隔了一段時間，紙也傳入歐洲。傳說第二次十字軍東征時，從軍的法國士兵尚．孟格菲（Jean Montgolfier）成為俘虜，被帶到大馬士革（現在的敘利亞）的造紙廠勞動。後來這位尚．孟格菲返鄉，並於一一五七年成立造紙廠。熱氣球史上，首位完成有人熱氣球飛行的孟格菲兄弟，也就是約瑟夫．米歇爾．孟格菲（Joseph-Michel Montgolfier，一七四〇～一八一〇）和雅克．艾蒂安．孟格菲（Jacques-Étienne Montgolfier，一七四五～一七九九），他們的祖先就是尚．孟格菲。孟格菲兄弟把家族事業製造出來的紙，張貼在氣球的內側，做為襯裡。孟格菲家的造紙公司也是提供畢卡索、夏卡爾等畫家藝術用紙的製造商。這家造紙公司雖然曾經改名，卻一直延續到現在。

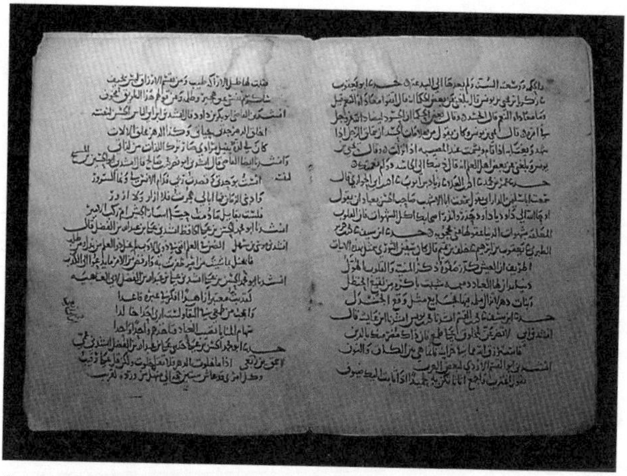

《一千零一夜》的手抄本

不過，若研究相關歷史，就會意外地發現造紙技術的傳播、擴大的速度，其實相當緩慢。因為歐洲各國開始造紙的年代分別是，西班牙：一〇五六年、義大利：一一三五年、德國：一三九一年、英國：一四九四年、荷蘭：一五八六年，而北美則是遲到一六九〇年（不過，關於這些年代，其實也存在著不同的說法）。然而歐洲這麼晚才開始發展造紙技術的最大原因，與不容易取得適合造紙的植物有關。紙的原料是亞麻（亞麻布）的碎布片，在紙的需求量提高的情況下，亞麻的價格也跟著上漲，英國甚至在一六六六年時頒布法令，禁止使用亞麻布包裹死者的屍體。歐洲能夠大量生產紙，是德國人弗里德里希・戈特洛布．凱勒（Friedrich Gottlob Keller，一八一六～一八九五）研究出木材紙漿後才開始。那時已經是十九世紀中葉左右。

東方很早就發展出以紙為畫材的藝術，如書法、水墨畫。相對於東方，雕塑在西方的藝術領域裡長期以來便占有重要地位，而繪畫方面的主流則是壁畫（請參閱第六章）與油畫。如果歐洲有豐富的紙資源，美術史一定會有所不同吧？只是這樣想就覺得很有趣。

印刷術問世

十五世紀中葉，在紙張取得不易的歐洲，發生了讓紙的需求量爆炸性提高的事件。以手抄寫無法相比的速度，大量複製相同資訊的印刷術發明了。不用特別強調也可以理解這是劃時代的技術。

令人意外的是，世界上最古老的印刷品在日本。西元七七〇年，日本的稱德天皇祈禱國家安全，在板子上刻陀羅尼（佛教中咒語的一種），然後以紙蓋章的方式，複製了一百萬張。另外，根據歷史記載，組合活字以蓋章的方式印製，也就是所謂的活版印刷，始於十一世紀的宋朝。

且不論這些，在歷史上留名的是約翰尼斯・古騰堡（Johannes Gensfleisch，一三九八左右～一四六八）發明的印刷機。他使用改造自葡萄壓搾機的印刷機，並從一四五〇年左右開始了他的印刷業。古騰堡一手推動墨水與鉛字的量產方法，一直到印刷商業化，因此被推崇為「印刷術始祖」。印刷開始商業化後，不僅書籍的價格一口氣下跌到原來的十分之一，也消除了抄寫時的誤植問題，對資訊正確化的貢獻更是無法估算。

不過，古騰堡本人為了開發印刷機而過度舉債，好不容易完成的印刷機器卻為了抵償而成為債主的所有物。這是讓人哭笑不得的歷史逸事。

約翰尼斯・古騰堡

古騰堡的印刷技術的其中一個成就，跟印製惡名昭彰的「贖罪券」有關。很多人認為獻錢給教會而得到赦免的做法，是教會墮落的表現。德國的神學者馬丁・路德（Martin Luther，一四八三～一五四六），就是持此看法的其中一人。

西元一五一七年，馬丁・路德提出「九十五條論綱」來討論贖罪券。因為有活版印刷的關係，他的論點獲得快速的傳播。「九十五條論綱」

的內容僅僅兩個星期就傳遍全德國，只花一個月的時間在整個基督教圈就已眾所皆知。一直以來的資訊傳播速度徹底改變。對教會不滿的憤怒之聲很快就轉變成要求宗教改革的呼聲。改革的呼聲席捲了整個歐洲，最終導致天主教與新教分離。能夠大量生產的薄薄紙張，名符其實改變了歷史。

知識因為紙與印刷術而普及，是歐洲科學技術普及的大支柱。但另一邊的伊斯蘭世界卻非如此，印刷技術並沒有在伊斯蘭世界普及，甚至還遭受打壓與迫害。鄂圖曼帝國的巴耶塞特二世（Bayezid II，一四四七～一五一二）與塞利姆一世（Selim I，一四六五～一五二〇）頒布了法律，禁止印刷一切阿拉伯語與土耳其語，此法律在未來三百年內通行於帝國。

在伊斯蘭世界，因為書寫是神送給人類的禮物，抄寫可蘭經更是最受到重視的行為。另外，在伊斯蘭世界中，文字的書寫和東方的書法一樣都是藝術。讓機器去做這麼珍貴的行為，可說是墮落，冒瀆了神的教誨。

從第八世紀到第十三世紀，伊斯蘭世界的科學技術水準位居世界第一。但文藝復興以來情勢逆轉，伊斯蘭世界被歐洲超前。一般認為，造成此種情形的原因是伊斯蘭世界抗拒印刷術的輸入，妨礙知識普及所致（參考自尼可拉斯・巴斯貝因斯〔Nicholas A. Basbanes〕著作：《紙的兩千年歷史》〔*On Paper: The Everything of Its Two-Thousand-Year History*〕）。在

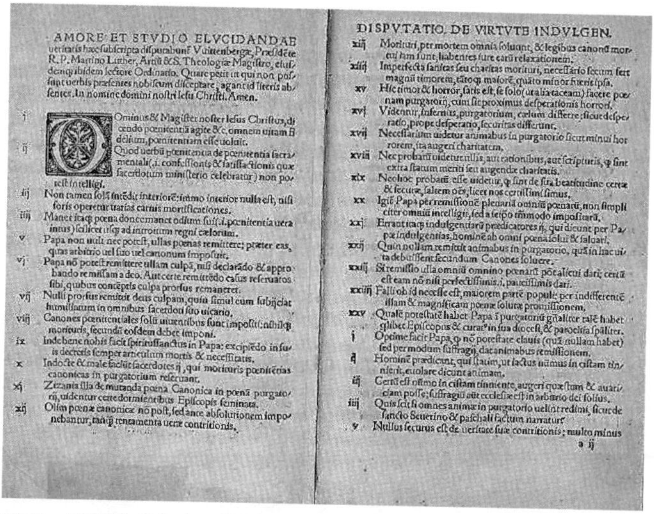

AMORE ET STVDIO ELVCIDANDAE veritatis haec subscripta disputabunt Vuittenbergae, Praesidente R. P. Martino Luther, Artiu & S. Theologiae Magistro, eiusdemque ibidem lectore Ordinario. Quare petit ut qui non possunt verbis praesentes nobiscum disceptare, agant id literis absentes. In nomine domini nostri Iesu Christi. Amen.

i Dominus & Magister noster Iesus Christus, dicendo poenitentiā agite &c. omnem uitam fidelium, poenitentiam esse uoluit.

ij Quod uerbū poenitentia de poenitentia sacramentali (.i. confessionis & satisfactionis quae sacerdotum ministerio celebratur) non potest intelligi.

iij Non tamen solū intēdit interiorē: immo interior nulla est, nisi foris operetur uarias carnis mortificationes.

iiij Manet itaque poena donec manet odium sui (.i. poenitentia uera intus) scilicet usque ad introitum regni caelorum.

v Papa non uult nec potest, ullas poenas remittere; praeter eas, quas arbitrio uel suo uel canonum imposuit.

vj Papa nō potest remittere ullam culpā, nisi declarādo & approbando remissam a deo. Aut certe remittēdo casus reseruatos sibi, quibus contēptis culpa prorsus remaneret.

vij Nulli prorsus remittit deus culpam, quin simul eum subijciat humiliatum in omnibus sacerdoti suo uicario.

viij Canones poenitentiales solū uiuentibus sunt impositi; nihilque morituris, secundū eosdem debet imponi.

ix Inde bene nobis facit spiritussanctus in Papa: excipiēdo in suis decretis semper articulum mortis & necessitatis.

x Indocte & male faciūt sacerdotes ij, qui morituris poenitētias canonicas in purgatorium reseruant.

xj Zizania illa de mutanda poena Canonica in poenā purgatorij, uidentur certe dormientibus Episcopis seminata.

xij Olim poenae canonicae nō post, sed ante absolutionem imponebantur, tanquam tentamenta uerae contritionis.

DISPVTATIO. DE VIRTVTE INDVLGEN.

xiij Morituri, per mortem omnia soluunt, & legibus canonū mortui iam sunt, habentes iure earū relaxationem.

xiiij Imperfecta sanitas seu charitas morituri, necessario secum fert magnū timorem, tantoque maiorē, quāto minor fuerit ipsa.

xv Hic timor & horror, satis est, se solo (ut alia taceam) facere poenam purgatorij, cum sit proximus desperationis horrori.

xvj Videntur, infernus, purgatorium, caelum differre: sicut desperatio, prope desperatio, securitas differunt.

xvij Necessarium uidetur animabus in purgatorio sicut minui horrorem, ita augeri charitatem.

xviij Nec probatū uidetur ullis, aut rationibus, aut scripturis, quod sint extra statum meriti seu augendae charitatis.

xix Nec hoc probatū esse uidetur, quod sint de sua beatitudine certae & securae, saltem oēs, licet nos certissimi simus.

xx Igitur Papa per remissionē plenariā omniū poenarū, non simpliciter omniū intelligit, sed a seipso tantūmodo impositarū.

xxj Errant itaque indulgentiarū praedicatores ij, qui dicunt per Papae indulgentias, hominē ab omni poena solui & saluari.

xxij Quin nullam remittit animabus in purgatorio, quā in hac uita debuissent secundum Canones soluere.

xxiij Si remissio ulla omniū omnino poenarū pōt alicui dari; certū est eam nō nisi perfectissimis .i. paucissimis dari.

xxiiij Falli ob id necesse est, maiorem partē populi: per indifferentē illam & magnificam poenae solutae promissionem.

xxv Qualē potestatē habet Papa ī purgatoriū gnāliter talē habet quilibet Episcopus & curatus in sua dioecesi, & parochia spāliter.

j Optime facit Papa, quod nō potestate clauis (quā nullam habet) sed per modum suffragij, dat animabus remissionem.

ij Hominē praedicant, qui statim, ut iactus nūmus in cistam tinnierit, euolare dicunt animam.

iij Certū est nūmo in cistam tinniente, augeri quaestum & auariciam posse; suffragiū aūt ecclesiae est in arbitrio dei solius.

iiij Quis scit si omnes animae in purgatorio uelint redimi, sicut de sancto Seuerino & paschali factum narratur?

v Nullus securus est de ueritate suae contritionis; multo minus

a ij

馬丁·路德的「九十五條論綱」的印刷品

印刷品被認為是當世最能發揮作用的物品時，這樣的主張非常具有說服力。

媒介的王者

此後，使用紙張傳達資訊與知識，大幅改變了世界歷史。現今人們根本無須思考紙的益處，因為紙已經完全融入我們的生活。我們的文明基礎就是建立在由纖維素形成的薄薄紙張上。

二十世紀後半，終於出現一種材料，可以威脅到媒介之王纖維素的地位。那就是將在第九章提到的磁鐵，是各種磁性儲存的媒介。如今一個手掌大的硬碟，就可以容納陳列在一間書店內的書，讓人們可以藉由硬碟瞬間掌握必要的資訊。

磁性儲存媒介出現的當時，人們大肆推論紙的功用即將消失，社會就要進入無紙化的時代。但是幾十年過去，如今全世界的紙年產量超過四億噸，並且持續成長中。隨著要處理的資訊量飛躍成長，為了閱讀資訊的用紙需求量，也在增加。

令人驚訝的是，已經陪伴人類兩千年的纖維素，竟還有很大的成長空間。被稱為奈米纖維素的材料，就是其中之最。從植物取得的纖維素可以拆解到只有數十奈米左右的大小。那麼小的纖維素固化後，就變成透明的材料。紙的纖維素纖維之間有空氣，會因為光的漫反射而呈現白色，但纖維素奈米纖維沒有空氣可以進入的縫隙，所以會透光。

複合纖維素與塑膠，可以製造出重量只有鋼鐵的五分之一、強度卻是五倍於鋼鐵的材料。藉由改變混合塑膠的成分，也有可能製造出「可以通電的紙」（導電紙）。目前的難題是導電紙的製造成本高，但若能解決這個問題，導電紙就會成為輕量而便宜、應用範圍廣泛的材料。這樣的材料如果能取代目前廣為使用的碳纖維，應用於飛機與汽車，不僅可以大幅節省燃料，還可以減少二氧化碳的排放。奈米科技時代的紙，會是強大又超級柔和的材料。

有兩千年傳統的紙，並未因為新科技出現而讓出王座，反而持續擴大其活躍的範圍。容易取得、應用範圍廣的纖維素的活用，將會成為今後社會發展的關鍵。

第十八章

擁有多種面貌的千面演員——碳酸鈣

自在幻化的千面演員

前面提過鐵是材料之王。相對於鐵，本章的主角碳酸鈣可以說是材料世界的千面演員，能夠勝任從英雄到反派惡人的各種角色，表現得令人驚訝。

石灰岩的主要成分就是碳酸鈣。雖說日本缺乏天然資源，石灰岩的資源卻很豐富。著名的觀光勝地秋吉台與四國熔岩地區，都是石灰岩露出地表的地方，而且，深入地下的石灰岩因為地下水的溶蝕而形成的鐘乳洞，在日本也四處可見。

最靠近我們身邊的碳酸鈣塊，就是教室裡不可缺少的粉筆。粉狀的碳酸鈣具有研磨力，可以加入牙膏粉或橡皮擦中，也可以做為陶器材料。如果在紙中加入碳酸鈣，紙就會變白，讓光線難以穿透，對製紙業而言是重要的材料。

此外，碳酸鈣也可以成為食品添加物。例如製作拉麵時添加的「鹼水」、加速麵糰發酵的酵母、加入火腿、香腸與糖果點心中的營養強化劑、藥品錠劑的基質等等，都是碳酸鈣。碳酸鈣的用途實在非常廣泛。

雖然大理石的外觀與石灰岩不同，但大理石的主要成分也是碳酸鈣。石灰岩是在岩漿的熱力下熔化再結晶的產物，也是雕刻與建築不可或缺的材料。另外，石灰粉中加入水和顏

拉斯科洞窟的壁畫

料可以當作著色劑，畫在沒有全乾的灰泥牆上，就成為壁畫。西斯廷教堂中米開朗基羅（一四七五〜一五六四）的《最後的審判》，就是壁畫的代表作品。

另外，作為最古老的藝術作品而為人熟知的拉斯科洞窟壁畫，也是被畫在石灰岩上的濕壁畫。因為拉斯科洞窟壁畫是畫在經過長時間也不會變質、磨損的石灰岩上，所以在經過一萬五千年後，仍然能夠為我們所欣賞。碳酸鈣豐富了我們藝術欣賞的世界。

命運不同的雙胞胎行星

地球上為何會存在著大量的碳酸鈣？那是因為碳酸鈣的原料是空氣中的二氧化碳。二氧化碳很容易溶於水，在被海洋吸收後變成碳酸，然後與海水中豐富的鈣離子結合，再變成碳酸鈣而沉澱。

如此大量的二氧化碳被「固化」成石灰岩，對地球的命運而言，是決定性的重要因素。眾所周知，二氧化碳是溫室效應的氣體，能把太陽的熱能封閉在大氣層內，提高地球的溫度。地球剛剛誕生時，高達六十個大氣壓的濃二氧化碳覆蓋著地球表面，高溫足以讓地球上的海水乾涸。但是，從海底火山噴發出來的鈣與在海中溶化的二氧化碳結合，發生了在海底沉積的反應。因此，大氣中的二氧化碳減少了，地球也因此降溫。

金星可以說是地球的雙胞胎兄弟，其直徑與質量和地球幾乎相同。大家也知道，金星的表面上以前也有海，但是因為金星比地球更靠近太陽，表面也比地球炙熱，在吸收到二氧化碳之前，金星表面的海洋就已完全蒸發。結果，因為金星的大氣層有九十個大氣壓的二氧化碳，在強烈的溫室效應下，地表的溫度超過四百度。

如果再靠近太陽一點，地球或許也會成為像金星一樣的灼熱星球。如今我們能夠生活在舒適的溫度下——不，或許說現在我們能夠保有生命，是拜碳酸鈣封閉了大量二氧化碳之賜。

宮澤賢治與石灰

石灰是重要材料的其中一個理由，便是它與木灰並列，是最容易取得的鹼性物質。燃燒石灰石或貝殼時，會散發出二氧化碳，變成所謂的生石灰（氧化鈣）。生石灰會表現出更強的鹼性，具有消毒的作用。

令人意外的是，生石灰也可以用於照明。用氫與氧的混合氣體所生成的高溫火燄噴向石灰石，就會發出強烈的白光。因為這是石灰（Lime）發出來的光，所以英文稱之為Limelight的劇場舞台照明（聚光燈），也廣泛使用。到了二十世紀，雖然白熾燈泡取代了Limelight的地位，但是如今英語圈還是會使用Limelight一語來表示「公眾注目的對象」。

英國的宇宙生物學者路易斯．達德尼爾（Lewis Dartnell，一九八〇～）在其著作《世界重啟：大災變後如何快速再造人類文明》（*The Knowledge: How to Rebuild the World from Scratch*）中，模擬了世界以某種形式遭受大災難後，人類為了復興科學文明的方法。他並提議，為了文明復興，最先應該採用的材料就是碳酸鈣。

這個提議的其中一個理由便是：碳酸鈣是生產食物時不可缺少的材料。土壤酸度大幅影響作物的成長。酸度高的土壤讓植物不易吸收重要的營養磷酸，妨礙了植物的生長。日本多為酸性土壤，因此這是個大問題。不過，石灰可以中和土壤的酸性。此外，因為石灰也能保護植物避免病蟲害，對農夫與園藝家來說不可或缺。

花卷農業學校教師宮澤賢治（一八九六～一九三三）看到了石灰的好處，為了推廣使用石灰而在日本努力奔走。他從教師轉身變成生產石灰的東北碎石工廠技師，著手產品戰略與廣告文案，為普及石灰的使用而盡心盡力。從文獻可以看出，宮澤賢治其實是科學家，也是企業家，他為發展農業而付出的熱情讓人津津樂道。

宮澤賢治

建造帝國的材料

不過，碳酸鈣最大的用途，就是當作水泥的原料。混合比例占七～八成的石灰岩，與比例占二～三成的黏土、矽石、氧化鐵，再用研磨機器磨成粉末後，以一千四百五十度的高溫燃燒，二氧化碳（CO_2）就會脫離碳酸鈣（$CaCO_3$），讓碳酸鈣轉變成氧化鈣（生石灰，

CaO）。將塊狀的生石灰弄碎後，得到的粉末便是水泥。加水揉和水泥後放置，鈣離子與矽酸根離子就會形成網狀結構而硬化。此時摻入砂子、細石混合，就可以做成強度提高的混凝土。

水泥可以任意塑形，而且變硬後會像石頭般堅硬，是令人滿意的建築材料。開始使用這個劃時代性材料的時期可以追溯到九千年以前的石器時代，讓人不禁讚嘆，這麼久以前就已有發明家。埃及很早以前就已將水泥使用於金字塔建築上，而中國更早在五千年前就懂得使用。然而，最懂得有效使用水泥的是古代的羅馬人。

據稱古羅馬於西元前七五三年在義大利半島中部建國，幾經轉變後，最終稱霸地中海世界，開出了驚人的文化之花。不論是體格還是地理條件都非最佳的羅馬人，取得多次的勝仗，讓羅馬這個國家持續了一千年以上，只能說這確實是世界史的奇蹟。而支持羅馬長存的力量，來自道路、水道與各種建築物這些完善的羅馬基礎建設。

正如「條條大路通羅馬」這句諺語所表達，羅馬的道路基礎建設做得非常徹底。羅馬街道總長約十五萬公里，可以繞地球四圈左右。這些道路有許多被保留到兩千年後的現在，其中有些還繼續當作汽車道路來使用，其建設之堅固令人震驚。

標準的羅馬街道寬度為四公尺，確保兩輛馬車有足夠的空間擦身而過，兩邊另有寬三公

羅馬競技場

尺的步道。此外，車道被挖掘的最大深度是兩公尺，往上鋪設三層構造的石造路基，路表鋪設大而厚的石子，以水泥固定。遇山鑿隧道，遇河架橋梁，都是可以讓大型投石機的軍事機械通行的造路規格。

因為這樣的造路規格，羅馬時代的旅行者一天可以徒步二十五至三十公里，乘坐馬車的話，一天可行三十五至四十公里。由於這樣的街道遍布全國，所以不管哪裡發生戰亂，羅馬軍都能以最快的速度抵達現場。因為擁有優質的道路，所以儘管領土遼闊，卻可以只靠三十萬士兵來守衛，這正是堅固水泥的威力。

當然，包括競技場、大公共浴場在內的諸多建築物，以及從各地輸送乾淨的水到首都的水道等等，羅馬的各基礎設施都充分利用水泥。如果沒有水泥這項材料，就沒有羅馬帝國的繁榮。

水泥與混凝土都造就了現代文明。只是混凝土雖然很能抗壓，抗拉的能力卻不夠強，容易產生龜裂。這是和鐵完全相反的特性。

於是，十九世紀中葉，法國開發出在鐵做的骨架上覆蓋混凝土的「鋼筋混凝土」。鐵與混凝土可以互補弱點，覆蓋了鹼性混凝土的鐵不會生鏽，而且堅固耐久。一提到都市，我們的腦海裡會浮現的高樓大廈與大橋等等建築物，其實就是鋼筋混凝土塊建成。這個材料帶給我們的好處，可說是無法估計。

海中的生物

如前所述，碳酸鈣是由二氧化碳與海水中的鈣離子組合形成的。很多海中的生物也利用了這個化學反應。例如貝類、珊瑚和部分浮游生物，便是以這個化學反應生成的碳酸鈣為殼來保護身體。硬而堅固的碳酸鈣是身邊垂手可得的材料，對許多海洋生物來說，簡直就是老天的恩賜。

這些生物的殼在死後也會留下來，沉積於海底。事實上，以高解析度的電子顯微鏡來看粉筆的話，會看到令人驚奇的世界。看起來只是單純粉末的粉筆粉，在電子顯微鏡下是許多附著著圓盤的球體與三角形或星形的構造體，而那些形狀複雜而不可思議的顆粒，其實就是白堊紀（約一億四千五百萬年前～六千六百萬年前）增殖的浮游生物所做的碳酸鈣殼。這些殼一部分被推上地面，形成地層。白堊紀的「白堊」原本指的是石灰岩。現在的我們能夠以低廉的代價大量使用碳酸鈣，要感謝一億多年前的浮游生物。

不只有被大量使用的廉價碳酸鈣，也存在著以高貴姿態存在、人人都渴望擁有的碳酸鈣。在某種貝類上，分泌貝殼成分的外套膜偶然進入貝殼內，會形成球狀的碳酸鈣顆粒，這就是珍珠。

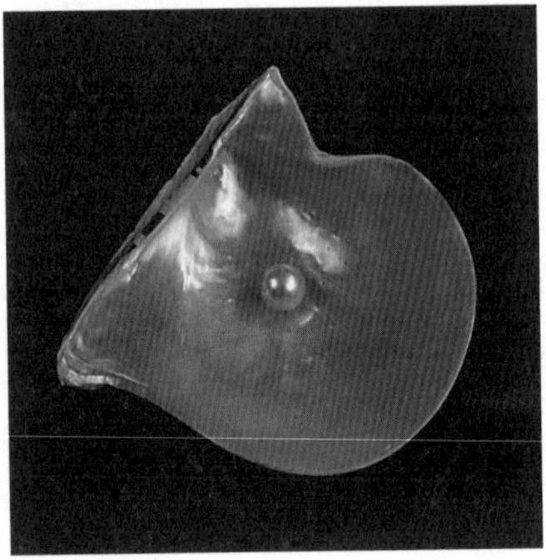

珠母貝與珍珠

珍珠有著完美的球體，又會反射出漂亮光芒，自古以來就被視為珍寶。據說從一萬個珠母貝中，才能找到一顆五毫米的正圓珍珠。而棲息在海中深處的珠母貝緊緊附著在岩石上，必須冒著生命的危險才能採到。另外，全世界珠貝母棲息的海域只有五處，分別是波斯灣、印度、越南的東京灣、委內瑞拉，以及日本。美麗與稀少性兼具的珍珠，確實是人類之寶。

克麗奧佩脫拉的珍珠

自古以來珍珠就被認為是最棒的寶石而受到重視，是高價交易的物品。與珍珠有關的逸事中，埃及豔后克麗奧佩脫拉與羅馬將軍安東尼烏斯之間有個傳說相當知名。面對安東尼烏斯擺出來招待她的奢侈食物，克麗奧佩脫拉說：「這樣的東西不是真正的奢侈。」為了展示真正的奢侈，克麗奧佩脫拉在安東尼烏斯面前拿下巨大的珍珠耳環，把珍珠扔到醋中溶化。這副珍珠耳環要價一千萬塞斯特提瑪斯（sestertius）羅馬幣，換算成今日的金額，相當於近台幣三億，是非常貴重的物品。克麗奧佩脫拉當著瞠目結舌的羅馬人面前，拿起那杯醋一飲而下。安東尼烏斯看到克麗奧佩脫拉的表現大為吃驚，據說因此愛上克麗奧佩脫拉的機智。

庸俗的化學家可能會對這件逸事嗤之以鼻，嗆說：醋這種東西不能溶化珍珠，頂多只會讓珍珠失去表面的一些光澤。或者提出質疑：克麗奧佩脫拉只是假裝珍珠溶化，把整顆珍珠吞到肚子裡而已吧？總之，克麗奧佩脫拉把那麼昂貴的珍珠吞下肚的氣度，不只是天下一絕，還讓百戰將軍安東尼烏斯為她傾倒。前面曾提到「如果克麗奧佩脫拉的鼻子稍微塌一點，那麼整個世界的歷史將會不同」這句話，或許真正改變歷史的，是這一顆珍珠與克麗奧佩脫拉的機智。

哥倫布的珍珠

隨著時代的前進，即使到了文藝復興時代，珍珠仍然是珍貴的高級品。克里斯多福・哥倫布（Christopher Columbus，一四五一？～一五〇六）就為了得到珍珠而燃燒野心。哥倫布的航海計畫需要金援，於是向西班牙國王提出「將航海中所得珍珠、寶石、金銀、辛香料的九〇%，獻給國王」的條件，得到國王的支援，展開大西洋之旅。

開始航海之旅的哥倫布並沒有得到當初預期的金銀，但在第三次航行來到委內瑞拉時，看到了以珍珠為裝飾的原住民。欣喜而勇敢的哥倫布與同行者，成功收集到五十五公升的珍珠，可說來到了名符其實的寶山。然而哥倫布受到私慾蒙蔽，他違背了答應給西班牙國王九〇%金銀珠寶的承諾，只獻上一百六十顆左右的珍珠。此事後來東窗事發，成為哥倫布的立場轉為劣勢的要因。

但是，對原住民來說，悲慘的歷史就此展開了。西班牙人因為不懂潛入海中的技術，

克里斯多福・哥倫布

所以便以武力威脅原住民人海為他們採集珍珠。另外，有些原住民被帶到西班牙賣掉，成為奴隸。據說一個奴隸的價格大約是兩顆珍珠。由此可見人的性命是如何遭到輕賤，而珍珠又是如何受到珍視。

貴族與富裕者爭相配戴來自南美的珍珠，做為妝飾。十六世紀以來的貴族肖像畫中，可以看到許多珍珠，英國伊莉莎白一世對珍珠的喜愛更為知名。這個時代的王室常見的女性之名，例如Margaret、Margherita、Margherita和Marguerite（譯注：中文大都譯為瑪格麗特），都帶有珍珠之意（此外，具有相同語源的人造奶油〔Margarine〕因為有著類似珍珠的光澤而得名）。當時的貴族可知，拿來華麗妝點自己的珍珠，讓多少人遭受悲慘的命運？

泡沫與價格破壞

之後，即使時代改變，人們對珍珠的喜愛依舊。其中，法國羅森塔爾（Rosenthal）家族在世界各地開設分店，控制了珍珠的流通，甚至被稱為是「珍珠帝王」。因為他們的操作，珍珠的價格上漲，進入二十世紀後，珍珠的價格甚至超越鑽石。

但日本的新技術，讓「珍珠帝國」的控制不再如此強大。日本三重縣的英虞灣開發了養殖珍珠的事業。身為珍珠養殖事業開發者的御木本幸吉（一八五八～一九五四）十分知名，但是他只製作了半圓形的養殖珍珠。成功製作出球形真珠的人，似乎是見瀨辰平（一八八〇～一九二四）這個人。不過，與其說御木本是技術人員，不如說他更像是將養殖珍珠商業化的成功企業家。

御木本幸吉

一九二〇年代開始輸出的養殖珍珠震驚了歐洲。原本獨占珍珠利益的珍珠商不能接受養殖珍珠，認定其為假貨，而開始了猛烈的抵制行動。可是養殖珍珠與天然珍珠不論是外觀還是成分都完全相同，不切開來看的話，根本就無法判別，因此養殖珍珠自然而然也受到了喜愛。不久後，羅森塔爾也接受養殖珍珠，並開始在店頭販賣。

（順便在此一提，近來由於中國人製造的人造鑽石品質提升，難以與天然鑽石區別，還因此爆出有公司開設培養專門鑑定師課程的消息。其實，人工鑽石與天然鑽石的成分和構造完全一樣，所以人工鑽石也不能說是「假貨」。歷史果然會一再重覆。）

戰後，日本的養殖珍珠輸出海外，為日本賺取了許多外匯。一九五四年的銷售額是二十七億日圓，一九六〇年達到一百一十億日圓，拉抬了困境中的日本經濟。雖然現在日本已不使用「匁」（譯注：是和制漢字，與中國重單位中的「錢」同義）這個重量單位了，但這個單位卻仍然被用在珍珠重量的國際標準上。養殖珍珠為日本成為經濟大國奠定了基礎。有關珍珠的歷史，可以參閱山田篤美的著作《真珠の世界史》（中公新書）。

「海洋中的熱帶雨林」的危機

從在地板下支持我們文明的水泥，到會引起世界爭奪戰的高貴珍珠，具有這麼多種面貌的材料，實在很少見。說它是材料世界中的千面演員，一點也不為過吧？

另一方面，碳酸鈣也與目前地球環境所面臨的危機密切相關。珊瑚礁是由小動物（！）

珊瑚在製作碳酸鈣時的形成的群體。只有幾毫米的珊瑚礁可以聚集成從宇宙都能看到的巨大珊瑚礁——澳洲的大堡礁，可以想見大自然的力量有多麼讓人驚嘆。

珊瑚礁也被稱為「海洋中的熱帶雨林」，裡面棲息著許多生物。珊瑚礁雖然只占地表面積的〇．一%不到，卻棲息了世界一百七十萬種生物中的九萬種，是生物多樣性的寶庫、地球上不可缺的存在。

如今珊瑚礁也正瀕臨危機。在海水溫度上升、天敵棘冠海星大量繁殖、大氣中二氧化碳增加導致海洋氧化等等因素下，珊瑚礁遭到破壞的速度相當快速。全世界的珊瑚礁已有二〇%遭到破壞，健全的珊瑚礁所占的比率不超過三〇%。如果珊瑚礁受到破壞，二氧化碳的吸收也會減弱，可以預測到將會加速地球的暖化速度。

二氧化碳與碳酸鈣之間的危險平衡正在崩壞中。平常我們不在意地踩踏的這片大地，是靠什麼支撐的呢？我們似乎有必要停下腳步，重新思考一下這個問題。

第七章
紡織出帝國的材料——蠶絲（絲蛋白）

「蠶寶寶」

從前日本小學學童在上社會科時需要背誦地圖記號，其中有一個是「桑田」的記號。然而，一般的鄉下有田地、有山林，但看不到「桑田」，在地圖上也看不到桑田的記號。明明看不到，為什麼還特意製作了專門的記號？

其實，只要看戰前的日本地圖，就會覺得「桑田」記號的存在，並非不可思議。日本昭和初期，桑田占了全日本田地的四分之一，當時的日本約有四成農家在家中養蠶，而桑樹是蠶隻必不可少的食物，所以理所當然會大量栽種桑樹。於是，為了養蠶而栽種的桑田，也就被視為神聖的空間。因此曾有個說法，打雷的時候，人們會喊著「桑原桑原」來為了避免災難降臨。（譯注：有一種說法是，靠著養蠶增加收入的農家，擔心打雷時桑田受創，所以在打雷的時候喊著「桑原」的日語「くわばらくわばら」，意在快去巡視桑田是否有受創。）

為了養蠶，農家在屋內搭了養蠶的棚架，不僅壓縮了睡覺的空間，也要在蠶食桑葉的沙沙聲中入睡。因此，養蠶對日本民家的房舍構造，也有很大的影響。例如被列為世界遺產的飛驒地方的合掌屋。合掌屋的形狀除了耐積雪外，也是為了盡量多設置棚架養蠶，而下功夫設計成三層樓、四層樓的空間建築。

合掌屋

蠶的卵從孵化到成繭要三十天左右的時間，那段時間內不僅要注意溫度與濕度的控制，還需要仔細照顧。因為能夠賣到好價錢的蠶繭，是農家重要的收入來源。蠶像小寶寶一樣收到小心翼翼地照顧，理所當然被稱為「蠶寶寶」。

蠶的幼蟲成長期分為五齡。從卵剛剛孵化出來的幼蟲是黑色的，身上覆著稀疏的毛，但不久後就成長成白色的毛毛蟲形狀。進入五齡期的蠶寶寶會吃大量的桑葉，為期一個星期左右，體重就會大幅成長為剛孵化時的一萬倍。不久後，蠶的身體會呈現金色的色澤，並變得有點透明，同時會為了尋找適當的空間而蠕動，開始四處爬

＊譯注：日文的「絹」意指「絲綢」，但本章中大多時候譯者將「絹」譯作「蠶絲」，以求更符合本章中的「材料」之意。

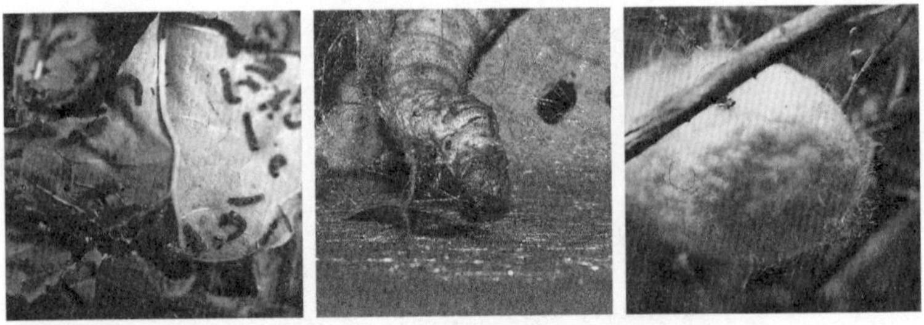

蠶（左：孵化第七天的幼蟲。中：吐絲的五齡幼蟲。右：繭）

行。找到適當的空間後，幼蟲就會像在寫8一樣地搖擺著頭吐絲作繭。一隻蠶吐出來的絲最長可達一千五百公尺。

完成的繭被送到工廠進行篩選，只有良質的繭才會選出來用熱水煮燙。這個動作是為了殺死繭裡面的蛹，以免蛹突破好不容易形成的繭，另外也為了把黏結在一起的絲煮化，讓絲容易鬆動。接著以掃帚狀的器具輕輕摩擦繭的表面，把絲頭抽出來，透過纏繞產生生絲。

生絲和含鹼的鹼水一起煮過後，就會變得潔白而滑順，成為我們熟悉的絲。這確實是費功夫的工程，但經過這樣的工程所得到的絲線具有光澤與良好的手感，其他纖維無法比擬。

蠶絲的起源

日本人並非從明治時期才突然開始製作蠶絲。日本的《古事記》中，就有以下關於蠶起源的神話記載。傳說須佐之男命要求掌管食物的女神大宜都比賣給祂食物，大宜都比賣從鼻子與嘴巴和屁股取出各種美味的食物獻給須佐之男命。但須佐之男命看到大宜都比賣拿取食物的情形，認為那些食物不潔，憤而殺死大宜都比賣（儘管可以理解須佐之男命的感覺，但這位神也太暴力）。此時，大宜都比賣屍體的頭部生出了蠶。此外，據說大宜都比賣的眼睛生出了稻穀、鼻子生出了紅豆、耳朵生出了小米、陰部生出了小麥、屁股生出了大豆。

《日本書紀》等日本古籍，也記載了出現的人物不同但類似的神話。有趣的是，蠶都與重要的作物一起誕生，並且也是從頭部所生出。從神話的時代開始，蠶就被視為與五穀一樣重要，甚至更為重要。由此可以窺見有將蠶神聖化的暗示。

中國也流傳著與蠶相關的神話，提到被視為中華民族始祖的伏羲氏教人們從蠶繭中取絲，紡紗編織成布。從浙江省的遺跡中出土了約四千七百年前的絲織品，說明了高度的製絲及織布的技術早已存在。甚至有一種說法是，人類早在將近一萬年前就已經開始利用蠶絲。

蠶絲與人類的淵源之深，也表現在我們日常使用的漢字上。例如：日文漢字「緒」是從繭抽出來的第一條絲的頭，是「線頭」的意思；日文「一緒」是捻成一條線，有「在一起」的意思。「紀」這個字也一樣，是指從找到線頭開始，發展出有條理，有順序的記載。「純」這個字最初是指「沒有摻雜的生絲」，「素」是指沒有染色的白色蠶絲，「練」這個字的本

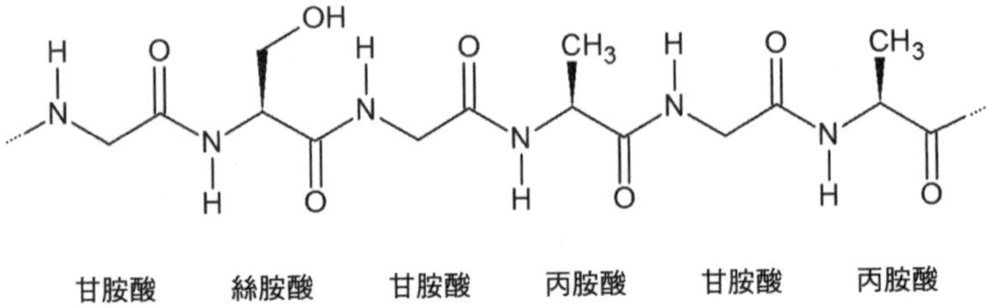

絲蛋白的構造

意是熬煮，也就是把生絲煮白煮軟的意思，現在被引用為「鍛練」的意思。以上列舉的每個字，都是從蠶絲相關的事情衍生出來的（不過，關於這些字的字源，也存在著別的說法）。從這些字，可以知道古代人與蠶絲的關係非常密切。

蠶絲的祕密

即使已經進入可以以便宜的價格就取得多種優秀合成纖維的時代，人們對蠶絲的喜愛仍然持久不變。蠶絲有滑順的手感、漂亮的光澤，再加上耐用，可以搭配顏料染出各種顏色，製作出漂亮的紡織品，自然受人喜愛。

蠶絲的主要成分是名為絲蛋白的蛋白質。在研究蠶絲時發現，蛋白質這個化合物由排成長列的胺基酸所組成，在生物體中極為重要，可以完成重要任務。二十世紀初，德國的化學家赫爾曼・埃米爾・費歇爾（Hermann Emil Fischer，一八五二～

一九一九）在絲蛋白的降解產物中，發現了各種胺基酸。蠶絲在生物化學的研究史上，也扮演了極重大的角色。

如前所述，蠶絲線非常結實而耐用。這實在讓人感到不可思議，因為蛋白質非常容易腐化。同樣以蛋白質為主要成分的食用肉類，在天氣熱的時候放置在戶外，不用幾個小時就會因為細菌大量繁殖，造成蛋白質溶解。細菌釋放出來的消化酶會將蛋白質分解為胺基酸單位，最後還原成二氧化碳與水。

但是，蠶絲與食用肉不一樣，歷經幾千年也不會被細菌分解。這是因為構成絲蛋白的胺基酸鏈含有多種被稱為β褶板（β-sheet）與β轉折（β-turn）的摺疊方式。這個構造很難解開，能夠強力對抗消化酶的攻擊。

另外，近年來人們也知道絲蛋白中含有被稱為胰蛋白酶抑制劑（trypsin inhibitor）的蛋白質。胰蛋白酶抑制劑與胰蛋白酶（消化酶的一種）結合的話，可以阻斷胰蛋白酶的作用。胰蛋白酶抑制劑應該能夠保護蠶絲免到消化酶侵襲，因此蠶絲被稱為天然防腐劑。

絲蛋白在蠶體內時是黏稠的液體，但從蠶的嘴裡吐出來時，卻形成可以拉得很細很長的絲線，這被認為是一種富含β褶板的結構。從液體的狀態瞬間變成堅韌的纖維，實在不可思議。在其他的所有蛋白質上，看不到這種現象。如此堅韌的絲蛋白纖維束成一股的蠶絲有著驚人的強度，比同樣粗的鋼絲更不容易切斷。

剛剛從蠶的嘴巴裡吐出來的絲，絲蛋白周圍覆蓋著被稱為絲膠的蛋白質。絲膠黏合絲與絲，有讓繭保持形狀的功能。從繭抽絲前，必須先經過煮繭的過程，這個過程就是溶解絲膠，打開繭的作業。

一旦去除了絲膠，纖維內部就會出現無數的空隙，讓濕氣可以進入，蠶絲因此具有良好的吸水性。再者，因為內部的空氣可以隔熱，所以蠶絲也能保溫。此外，蠶絲是絲蛋白纖維形成三角形的束，會讓光折射、反射，顯示出漂亮的光澤。儘管蠶絲只是由單純的胺基酸所組成，卻擁有驚人的構造。

絲路

如絲綢這麼優秀的纖維品不可能不吸引古時的人。東漢時期就已經發展出製造絲綢的高度技術，並以絲綢與外族交易，並受到國家極大的重視，所以保密製造絲綢的技術。貴重的絲綢透過商人的手，終於傳到了遙遠的羅馬。

被運送到歐洲的絲綢，在羅馬博得了極高的評價。絲綢的價格高漲，幾乎與同重量的

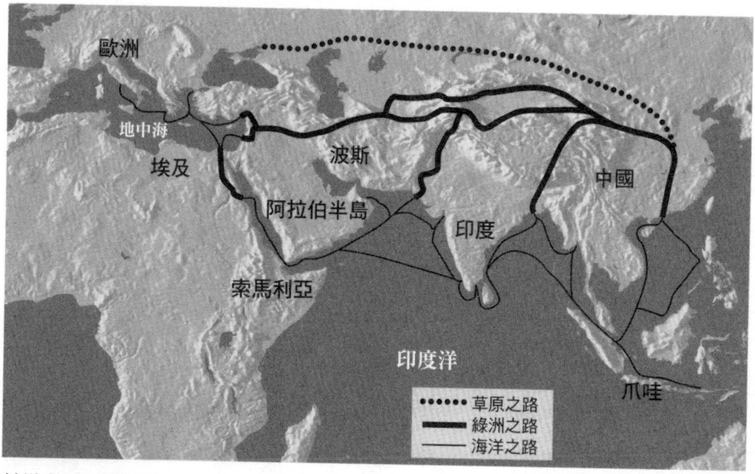

絲路的主要路線

黃金相同，讓第一代羅馬皇帝奧古斯都祭出了禁止穿戴絲綢的命令。四世紀初的羅馬皇帝戴克里先（Diocletian）在位時，一斗（modius，相當於九公升）大麥的價格是一百第納里烏斯（denarius，古羅馬貨幣），而三百公克的白色絲綢卻要價一萬兩千第納里烏斯。絲綢讓人難以抗拒的魅力，吸走了羅馬許多黃金，這與羅馬帝國經濟的弱化也有相當的關聯。

中國與羅馬的交易路線，就是所謂的絲路。說到「絲路」，我們首先想到的是沿著中亞綠洲往西行的「綠洲之路」，但事實上穿越過哈薩克斯坦等草原地帶的「草原之路」，和東起東海，經過印度洋，朝阿拉伯半島前途的「海洋之路」，也對絲綢的運送發揮了作用。

絲路可以說是人類史上首次建立起跨越歐

亞大陸的貿易路線，意義非常大。東西方人物與文化的活躍交流，喚來無數發明與文明的發展，與歐洲文明後來稱霸世界息息相關。提出這種主張的人是名著《槍炮、病菌與鋼鐵：人類社會的命運》（*Guns, Germs, and Steel: The Fates of Human Societies*）的作者（一九三七～）賈德・戴蒙（Jared Mason Diamond）。

在交易上，絲綢也扮演了貨幣的角色。絲綢人人喜歡、重量輕、方便運送，又只能夠購買所需要的量，其實也滿足了成為貨幣的條件。從這一點來看，絲綢在東西方的交流上，發揮了很大的作用。

在日本，絲綢也扮演了貨幣的角色。在大化革新的稅制上，有以下的規定金：國民有義務把以絲綢為首的布類，當作稅金繳納（租庸調的「調」）。還有，絲綢也常被拿來奉獻給寺廟或神社及獎勵有功者。

西歐諸國對辛香料的需求，帶動大航海時代的展開，驅動了歷史的變化，這一點大家都知道。不過，如此看來，絲綢的重要性可以說完全不亞於香料，也成為撼動歷史的力量。

絲的帝國

在日本的平安時代，用絲綢織成的色彩豐富的衣服非常受歡迎，豐富了貴族的生活。但是進入鎌倉時代，武士的世代來臨後，人們改為喜好樸素的衣服，絲綢文化就略顯暗淡。到了江戶時期，絲綢屢屢成為節儉令禁止的對象，是一般老百姓無法企及的貴重物品。

雖然如此，絲綢的需求並未因此消失，生絲主要從中國輸入，而日本也付出了許多銅錢做為代價，幕府因此推出了獎勵養蠶的政策。到了江戶末期，日本的製絲事業開始機械化。

進入明治時代之後，日本的養蠶業受到矚目。當時中國的清朝發生太平天國之亂（一八五一～一八六四），對養蠶業造成重大打擊，而法國與義大利又出現了蠶的疫情，讓日本的生絲輸出大幅成長。一八七二年，明治政府決定從法國招攬技術人員，成立官方製絲廠。澀澤榮一（一八四〇～一九三一）就是這個時期的代表人物。

澀澤在幕府末期時曾經去法國參觀過先進的製絲工廠。當時的日本政府對養蠶的詳細資訊並不清楚，所以澀澤一肩扛起從開始建設製絲廠，到建立輸出蠶種、獎勵養蠶規制等業務。

群馬縣的富岡一直以來都是蠶繭的一大集聚地，在這裡建廠能夠確保擁有寬闊的土地。

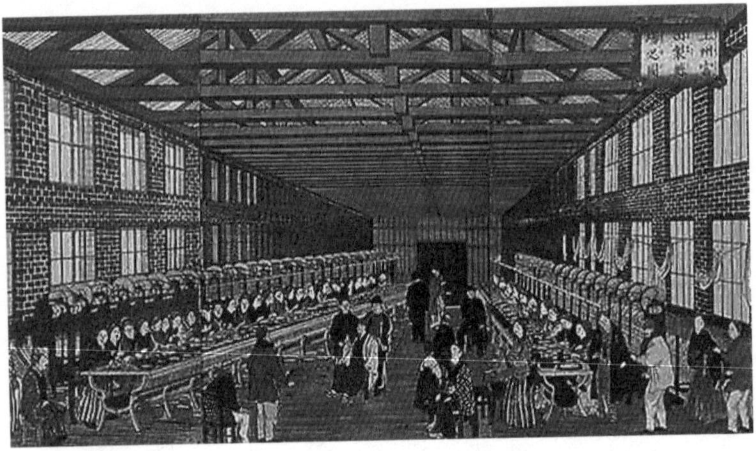

富岡製絲廠

澀澤於是決定在富岡建立機械製絲廠，使機械製絲廠成為育種行業的支柱。這就是著名的富岡製絲廠的開端。

澀澤之後除了創立了第一國立銀行（現在的瑞穗銀行）、東京證券交易所之外，還創建了五百餘家企業，被稱為「日本資本主義之父」。因為澀澤的這些成就太過輝煌，掩蓋了他對富岡製絲廠的貢獻，但穩固富岡製絲廠的基礎，他的功勞確實很大，值得表揚。

製絲廠大規模生產、輸出的生絲一舉成為日本的基礎產業。一九二二（大正十一）年，日本的生絲輸出總額，占日本總輸出額的四八．九%。靠著這樣取得的外匯，日本得以推動工業化與富國強兵政策，在明治維新之後短短數十年就能夠與歐洲列強並駕齊驅，入列世界強國。而讓日本成為強國的，只是一種昆蟲的幼蟲吐出來的細絲。

生產蠶絲的技術也經過多次改良。例如一九〇六（明治三十九）年，動物學者外山龜太郎便提倡第一代雜交種。外山發現日本產的蠶與國外蠶交配後的雜種蠶比他們的父母更強健，所吐出的蠶絲量也更多。成為現代農業與畜牧業等領域理所當然使用的混合物種，就是以外山的發現為基礎發展出來的。

外山之後的育種改良也繼續進行，提高了蠶絲的產量。明治三〇年代時，生產一大捆生絲需要約一百八十四萬顆繭，但到了昭和五〇年代時，卻只要十九萬顆左右，換算起來，一顆繭的生絲產量足足提高了大約十倍。

在育種改良下，蠶絲產量確實大幅提高，但蠶也完全失去了野生的能力。幼蟲不能靠自己的力量爬樹幹前行，成蟲的蠶蛾也不能在空中飛。現代的蠶所攝取的蛋白質，有六～七成轉換成蠶絲，已經變成超高效率的製絲機器。可以說蠶是所有家畜中唯一完全失去返回野生能力的生物。

變成巨大產業的製絲業，也造成多種不良影響。大家都知道，富岡製絲廠有先進的工作環境。但是有許多女性在工作條件惡劣的環境中工作，不少人因此罹患結核病而喪命，就如《女工哀史》、《啊，野麥峠》等作品所敘述。當時的報載，一千名女工死了十三名，但事實上也有不少女工回到故鄉後，才因為結核病而死。結核病因為散播到日本各地，成為日本人的國病。為了日本的近代化，日本付出了相當大的代價。

戰後，化學家發明了尼龍與聚酯等優秀的合成纖維，做為蠶絲的代替品。這些合成纖維的質地不如蠶絲，但是價格便宜，能保暖，也適合染色，所以很快就打敗了長期以來保有王座的蠶絲市場。不可否認的是，科技驅逐了長時間陪伴人類的蠶絲這個材料，也讓從事製絲工作者從嚴酷的工作中獲得解放。

高科技的時代

二〇一四年，支撐明治時期日本的富岡製絲廠被登錄為世界遺產，其存在成為歷史的一頁。桑田這個地圖符號，也在二〇一三年廢除，從日本的教科書上消失。人們平常看到蠶絲的機會變少，年輕的一代中或許有人從來沒有使用過絲綢製品吧。

然而另一方面，與現代科技融合的腳步繼續發展中，被稱為蜘蛛絲纖維的產品，就是其中具代表性的發明。蜘蛛與蠶都是大家熟知會吐出蛋白性質絲的蟲，據說其強度是製作防彈背心的克維拉纖維（Kevlar）的三倍，伸縮性也很強。

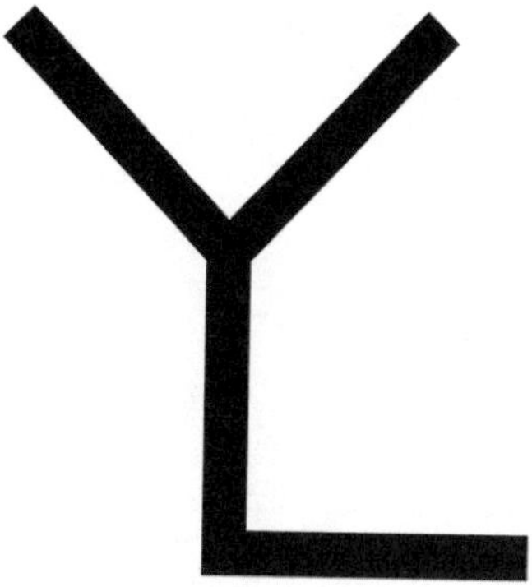

被廢除的日本桑田記號

但蜘蛛絲與蠶絲不同之處，在於蜘蛛絲沒有受到實際使用。原因是一隻蜘蛛能生產的絲量很少，更重要的原因是蜘蛛有互食性，會互相殘殺，無法大量養殖。

組合蠶與蜘蛛的基因，製作可以代替蠶絲的研究正在進行中，那就是蜘蛛絲纖維。輕而極強韌、不會引起過敏反應的蜘蛛絲纖維受到期待能夠廣泛應用在從軍事到再生醫療的許多領域上。

二〇一六年，中國的清華大學研究小組進行了一項實驗，把被稱為夢幻碳材料的奈米碳管與石墨烯加入水中，再噴撒在桑葉上餵蠶。結果顯示，蠶吃了那樣的桑葉所生產的絲具有高強度，經過高溫處理後還能夠通電。老實說，這個結果讓人難以相信，不過，根據這樣的研究，蠶絲這個傳統材料很有可能出現新的可能。

因為無盡的魅力而不斷推動歷史的蠶絲這個傳統材料，如今似乎正被付予新的面貌。與人類一起生活了數千年的蠶絲，再經過百年、千年後，會變成什麼樣子呢？光是用想的，就讓人覺得興味十足，不是嗎？

第八章

縮小世界的物質——橡膠（聚異戊二烯）

比「生命」更令人「感動」嗎？

《富比士》（*Forbes*）雜誌二〇一七年的體育選手財富排名，世界上收入最高的運動員是葡萄牙的足球選手克里斯蒂亞諾・羅納度（Cristiano Ronaldo），當年的收入高達九千三百萬美金（含年薪與廣告合約金）。皆下來依序為美國職業籃球選手雷霸龍・詹姆士一世（LeBron James），全年收入八千六百二十萬美金；阿根廷的足球選手萊納爾・梅西（Lionel Messi），年收入八千萬美金；瑞士的網球選手羅傑・費德勒（Roger Federer），年收入六千四百萬美金。日本的運動員中雖然也有能列入世界級的人物，但與頂尖的選手相較時，仍然相距懸殊。

羅納度（左）與梅西（右）

在優秀的研究人員中，有人開發出劃時代的醫藥，也有人發明了能夠提供下一代能源的太陽能電池，但相對於他們的功績，他們在經濟上的收穫卻無法比擬。想想看，比起那些能夠拯救世人性命、豐富世界生活的人，球打得好、踢得好的運動員卻更能獲得龐大的金錢與名氣，實在令人感到不可思議。比起生命，人類這種生物是不是更願意付出金錢給感動呢？

我也喜歡看運動比賽，無意評論頂級運動員得到巨額報酬的對錯。我認為運動員透過不斷的努力、克服種種困難，帶給世人邁向明日的能量，因此得到相應的報酬理所當然。只是，我也認為對人類有巨大貢獻的研究者，也應該得到能與頂級運動員比肩的待遇。

球類運動誕生的時代

如前所述，收入排名前一百名的體育選手中，與球類運動相關的運動員有九十位，可以說是占了壓倒性的多數。看看幼稚園的孩子，他們也很喜歡玩球，追著一個球跑幾小時也仍然雀躍不已。以球為目標反覆跑、踢、投、打，似乎就像是在刺激以前過著狩獵生活，但現在卻沉睡的我們的本能。如果沒有球，我想這個世界應該是相當沉寂的世界。

試著調查一下這些讓世界陷入狂熱的球類競技起源，就會發現有很多球類競技是十九世紀後半才誕生的。當然，這些球類競技的原型其實很早以前就已經存在，只是到了近代才有了完善的規則及組織化，並因此風行。

描繪一八七二年英格蘭對英格蘭足球比賽的漫畫

以足球來說，自古以來世界各地就已有各種球類運動，例如中國與日本的蹴鞠。不過一直到一八六三年十月二十六日的倫敦，才誕生了近代足球。在此之前，足球這項比賽因為各個學校與各個俱樂部的規則有所不同，難以進行對抗比賽。一八六三年十月二十六日這一天，各俱樂部的代表在倫敦的酒吧開會，決定了「比賽時不能用手拿球的足球，可以用手拿球的是橄欖球」的規則，區分了足球與橄欖球。前者成立了足球協會，這是足球發展成為全世界最大型運動的契機。

早在十五世紀就已經存在高爾夫球的原型比賽。不過，高爾夫球的全英公開賽則是始於一八六〇年，到了一八八〇年，高爾夫球運動才爆發性的流行起來。用球拍擊球的網球也是以前就有的運動，不過現代網球是由英國軍人沃爾特．克洛普頓．溫菲爾德（Walter Clopton Wingfield）少校於一八七三年所發明。溫布頓網球錦標賽則是自一八七七年開始便持續到今日的網球賽事。

最早的棒球比賽開始於一八四六年，不過當時的規則是投手只能投打擊手容易打到的球，和現在的情形有很大的不同，後來規則慢慢修改，才逐漸接近現在棒球的比賽模式。而美國的職業棒球大聯盟開始於一八七六年。

我們這個時代為什麼會這麼流行球類競技？其中一個原因當然與工業化進展下中產階級大增有關。不過，更大的因素是優質橡膠的普及。

在橡膠問世以前，足球運動所使用的球是用充氣膨脹的動物膀胱所做成。不難想像那樣的球反彈力差，也不耐用，球的大小和彈性也不整齊。

另一方面，如果是把空氣灌進橡膠袋所做的球，不僅彈性和以前的球相差懸殊，而且耐用，又可以做到大小整齊及量產。追逐、踢飛彈性良好的球，帶給大家前所未有的歡樂，吸引了許多人。

這樣的情形不僅出現在足球比賽，也出現在其他球類比賽。早期的高爾夫球是木頭做的，但十九世紀中葉時，使用「馬來膠」（gutta-percha）這種樹脂做的硬高爾夫球出現。用橡皮筋纏繞馬來膠做為球芯，表面再覆上一層馬來膠後，便是十九世紀中葉的高爾夫球。那樣的球飛得遠又耐用。不過，現在的高爾夫球是用各種硬度的橡膠層層疊成的，可以說是集橡膠技術大成的產品。

有了均質而且可以大量生產的球後，舉行有統一規則的大規模球類比賽，就變得可行，也因此促進球類比賽的普及。從一八九六年開始的現代奧運就是誕生在這種趨勢之下。

不過，十五世紀時橡膠就已傳入歐洲，為什麼使用橡膠做的球的球類比賽，卻在橡膠傳入歐洲四百年後，才風行起來？因為長期以來橡膠都不是像現在這樣容易處理的材料。橡膠是經過了很重大的突破後，才有現在我們所知道的模樣。

採橡膠樹液

製作橡膠的植物

分散在水中的微小橡膠粒子讓樹液形成乳狀（乳膠），而這樣的乳狀樹液在空氣中凝固後，就是所謂的天然橡膠。可以製作出乳膠的植物有很多，蒲公英也是其中之一。墨西哥有一種叫做人心果（Sapodilla）的樹，那裡的人會咀嚼人心果稱為「樹膠」的樹液。這就是口香糖的由來。

不過，最好的乳膠供給源，就是所謂的橡膠樹。橡膠樹的乳膠產出量多，所得的橡膠彈性也高。還有，在橡膠樹的樹幹上畫出切割口，收集流出來的樹液，只要經過乾燥，就是簡單獲得橡膠的方法。很久以前墨西哥的人們就懂得把收集來的樹液做成球，用於球類的比賽上，並且搭配專用的比賽場，享受比賽的樂趣。

這個比賽經過演進，成為「中美洲蹴球」，中美洲至今還有這項比賽。這個比賽的方法是，用戴著護具的屁股，讓內部填得扎實、又硬又重的球彈飛起來，只要球穿越高七公尺的環就獲勝。這個比賽看起來很具幽默感，不過卻是土著部落之間發生衝突時，用來代替戰爭的競賽活動。橡膠製成的球是維持和平不可少的存在。

橡膠可以拉長的原因

橡膠的特徵是有超優異的伸縮性。而橡膠之所以擁有這個其他材料所沒有的特性，在於它的分子構造。

邁克爾·法拉第（Michael Faraday，一七九一～一八七六）研究出橡膠是由碳與氫組合而成，其比率是五：八。我們在磁鐵那一章也會提到他。現在已知橡膠是異戊二烯（C_5H_8）這個分子串成的長直鏈。

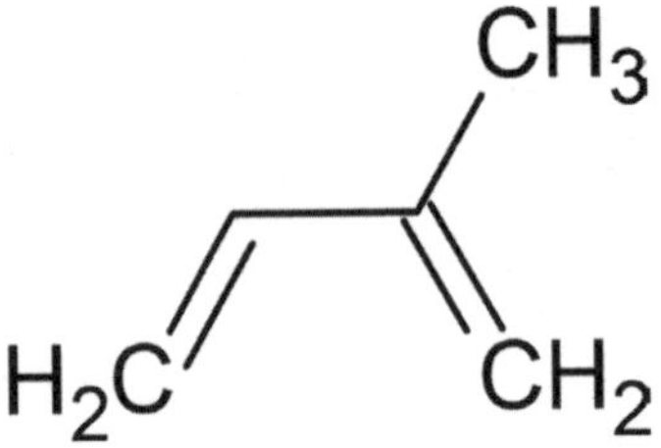

異戊二烯的構造

異戊二烯這個分子是重要的單位構造，自然界有很多化合物都是以異戊二烯為基礎合成的。柑橘類的香味成分檸烯（limonene，俗稱檸檬精油，分子式$C_{10}H_{16}$）與薄荷的香味成分薄荷醇（menthol，分子式$C_{10}H_{20}O$）有兩個異戊二烯，玫瑰的香味成分法呢醇（farnesol，分子式$C_{15}H_{26}O$）有三個異戊二烯，為胡蘿蔔帶來顏色的胡蘿蔔素（carotene，分子式$C_{40}H_{56}$）有八個異戊二烯。而橡膠之所以能夠拉長，是因為它的異戊二烯可以連接在一起到無止境。柑橘的香氣成分乍看之下與橡膠的雷同，其實並不是。不過，單從異戊二烯的層面來看時，它們應是近親。

我們可以做實驗來理解這一點。試著把搾出來的橘子皮汁擦在充足氣的橡皮氣球上，不久後氣球就會破裂。這是因為類似的分子容易相互溶解，橘子皮所包含的檸烯等分子溶解了橡膠，削弱氣球皮的力量，讓氣球破裂。

這個異戊二烯單位是相同的碳元素結合成雙鍵的地方。雙鍵的結合與其他結合不同，不

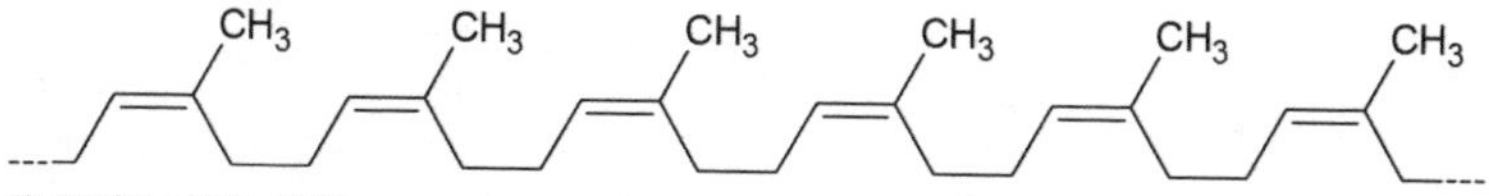

聚異戊二烯的構造

僅不會旋轉，還會限制分子鏈的動作。因為長鏈上會出現有規則的雙鍵，橡膠的所有分子就會縮得像絲線般。這個絲線一拉就會變長，一放就會縮回原來的形狀。這就是橡膠能伸縮的原因。也就是說橡膠的構造就像奈米尺寸的彈簧，可以拉長，也可以恢復原狀。

橡膠的越洋傳入

將橡膠這個材料傳入歐洲的是歌倫布的艦隊。他們在第二次航海（一四九三～一四九六）時來到伊斯帕尼奧拉島（Hispaniola，位置是現在的海地共和國與多明尼加共和國），目睹當地居民用橡皮球進行球賽。這是歐洲人與橡膠的最初邂逅。

雖然繼哥倫布之後也有航海者數次把橡膠帶回歐洲，但都只當成是新大陸的珍奇物品，沒有發現實質的用途。而且，當時的橡膠會在冬天變硬，夏天時就溶化成黏稠狀，讓人覺得很麻煩。

發現橡膠使用方法的人，是英國的自然哲學家約瑟夫・普利斯特里

（Joseph Priestley，一七三三～一八〇四）。在此之前，要消去用鉛筆寫的文字時所使用的物品是沾濕的麵包，普利斯特里發現使用橡膠塊也可以擦去鉛筆字跡。橡皮擦的英文是「rubber」，意思是「磨擦物」，就是由普利斯特里所命名。

普利斯特里是政治哲學家、神學者及物理學家，在很多領域都留下功績。普利斯特里也是化學家，以發現氧、氨、碳酸水聞名，美國化學會的最高榮譽「普利斯特里獎章」（Priestley Medal），就是以他的名字命名。普利斯特里還發明了橡皮擦。這其實是驚人的事，但從別的角度來看，會覺得像普利斯特里這樣博學的人，在那個時代卻只發明了橡皮擦這個橡膠的應用。要廣泛使用到橡膠，還需要很大的突破。

發現硫化

西元一八二三年，化學家查爾斯·麥金塔（Charles Macintosh，一七六六～一八四三）利用橡膠不透水與不透氣的特性，開發出橡膠的新用途。他利用橡膠塗層，成功製作出雨衣。從此以後，「Macintosh」或「Mack」一語，在英國成為雨衣的代名詞。披頭四的名曲「便士巷」（Penny Lane，一九六七年）的歌詞裡，有「在下大雨的日子也不穿『Mack』的銀行家」（On the corner is a banker with a motorcar/The little children laugh at him behind his back/And the banker never wears a mack）。現在一說到麥金塔，馬上浮現在大多數人的腦海裡的，應該是蘋果電腦吧?雨衣的「麥金塔」（Macintosh）（蘋果電腦的麥金塔是Mackintosh，多了一個字母「k」）遵守傳統製法，一直以來都很受歡迎。

橡膠就這樣進入了人們的生活，但它仍然有冬天時會變硬，夏天時會散發出異味的缺點。不過，美國的發明家查理斯・固特異（Charles Goodyear，一八〇〇～一八六〇）以實驗挑戰並克服這個缺點。他認為橡膠溶解是濕氣的關係，所以認為「如果摻入乾燥的粉末，定能克服這個缺點」。

於是固特異在實驗中一再重覆將氧化鎂、石灰等等粉末加入橡膠裡攪拌，但總是無法避免橡膠溶解。後來，贊助實驗的投資者撤資，固特異因此陷入困境，實驗也傷害了他的健康，還因為借錢的關係數度入獄。可是儘管如此，固特異也不放棄他的實驗，甚至在窮到失去了孩子的時候，也不停止。他對實驗的執著幾乎可說是到了

查爾斯・麥金塔

固特異輪胎

查理斯．固特異

極點。

固特異令人害怕的執著，終於讓命運女神對他微笑。實驗後的第五年，也就是一八三九年，固特異把硫磺加入橡膠中加熱，發現摻入硫磺的橡膠具有耐熱性。固特異立即取得專利，在一八四二年時成立橡膠工廠。

這就是現在世界上領先的輪胎廠商固特異公司的由來。那麼，固特異多年來的辛苦終於得到報償，成為大富豪了嗎？固特異雖然完成了硫化這個劃時代性的發明，卻沒有因此成為企業家。現代的固特異公司成立於一八九八年，是硫化發明之後半個世紀的事。該公司雖然以固特異為名，但資本上卻與查理斯．固特異一點關係也沒有。

因為硫化法的專利一再遭到侵權，固特異陷入與許多侵權者打官司的窘境。尤其是在英國，他的專利完全被人搶走。最初固特異為了銷售產品，寄出樣品給許多橡膠公司。雖然他沒有註明製作方法，但是有一家收到樣品的企業對樣品進行了分析，發現附著在樣品表面上的少許硫磺。這個公司立即申請了硫化的專利，得到了專利權。結果，固特異抱著巨額的負債，還未能見到自己的發明改變世界，便於一八六〇年去世。如今以他為名的輪胎公司所生產的輪胎跑遍了全世界，對他來說這至少足堪慰藉事吧？

分子的交叉鏈接

在摻入硫磺、加熱這個簡單的操作下，以前不耐溫度變化的橡膠變成非常穩定的物質。這是「交叉鏈接」這個化學反應引發的結果。

如前所述，橡膠的分子為長鏈狀，處處都含有雙鍵，而硫磺是會與雙鍵產生化學反應的稀有物質，藉著加熱與雙鍵結合，以架起橋梁般的形式，讓鏈與鏈結合在一起。

天然橡膠的長分子鏈之間，只是微弱地結合在一起，當溫度上升時，分子就會激烈轉動，橡膠會因此融化。但加上硫磺可以讓橡膠分子之間緊密結合，形成堅固的結構，變得可以耐熱。這就是硫化的祕密。

透過交叉鏈接的橡膠會緊密結合，不僅難以撕裂，即使拉長也可以輕易恢復原狀。此

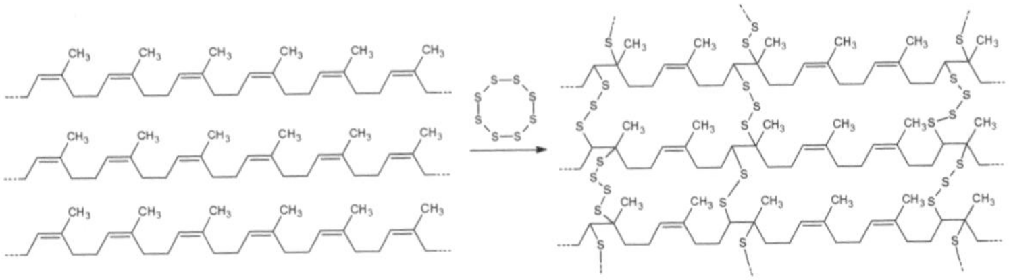

「交叉鏈接」的模式圖

外，添加的硫磺量愈多，就會發生更多的交叉鏈接，可以做成硬橡膠。

如此的大幅改良，讓橡膠的用途顯著增廣。舉例來說，一八六六年法國開發出來的謝思博步槍（Chassepot）藉由橡膠環的密封，阻止子彈發射時氣體外洩，讓子彈的射程變成原來的兩倍。謝思博步槍曾用於普法戰爭（一八七〇～一八七一）與鎮壓巴黎公社的行動（一八七一）。此外，幕府末期的日本也曾輸入謝思博步槍，是後來日本陸軍制式裝備「村田槍」的原型。硫化橡膠的誕生與否，確實改變了歷史。因為樹膠的出現而超越「速率決定步驟」的，不只是球類競賽與槍支。

橡膠帶來的交通革命

輪胎是人類的偉大發明。人類的許多發明都受到大自然啟發，只有輪胎是完全的原創發明。的確，自然界有數百萬種動物，卻不存在以類似車輪形態移動身體的動物，硬要說有的話，那就是使用長尾巴旋轉游動，被稱為鞭毛的細菌吧？不過，鞭毛的行動更接近螺旋。

只要騎腳踏車，就能感受到用車輪行動比用腳走路更有效率。但是為什麼沒有利用輪子來行動的生物呢？日本的生物學者本川達雄（一九四八～）在其著作《大象時間老鼠時間：有趣的生物體型時間觀》（象の時間、ネズミの時間）中指出：輪子無法在非平坦而堅硬的地面上發揮效率。的確，車輪不耐凹凸的地面，很難越過落差高度是輪子直徑的四分之一的凹凸路面，原理上越不過二分之一以上落差的凹凸。還有，輪子也不便在泥濘或沙地等磨擦力小的場所行動。

因此，自然界中幾乎沒有讓輪子可以完全發揮威力的場所。如果不是人工鋪設的路面，車輪就稱不上有用。十九世紀的道路大多是礫石路，沒有今日這樣的柏油路面，木製或實心的硬橡膠製車輪每次在經過不平的路面時，就會給車上的人帶來衝擊，也會對車上的物件與車體本身造成傷害，更限制了速度。

出生於蘇格蘭的獸醫約翰．登祿普（John Boyd Dunlop，一八四〇～一九二一）解決了這個難題。登祿普因為十歲的兒子要求「騎起來更輕鬆，可以跑得快的三輪車」，於是想出了能夠吸收凹凸路面的充氣輪胎。為了測試，他把充氣後的橡膠管用釘子固定在木製的圓盤

約翰．登祿普

上，再裝上三輪車，效果極佳。

因為獲得了這樣的好結果，登祿普取得了充氣輪胎的專利，並在一八八九年於都柏林成立公司。充氣輪胎可以分散衝擊力、不受少許高低落差與小石礫的影響，造成了爆發性地成長的需求，據說僅僅花了十年，就取代了之前的實心硬橡膠輪胎。登祿普的公司雖然幾經曲折，但其品牌名稱一直延續到今日。

然而，登祿普其實不是充氣輪胎的首位發明者。早在一八四五年，蘇格蘭人羅伯特．威廉．湯姆生（Robert William Thomson，一八二二～一八七三），就已經開發出充氣輪胎。只是，那時腳踏車、汽車才剛剛發明，而他的發明成本過高，所以沒有受到使用。雖然是了不起的發明，但若不符合時代的要求，也只能讓人嘆息。

一九〇八年，福特T型車在美國上市，十九年間總共賣了大約一千五百萬輛，成為暢銷車款，世界因此進入機動化的時代。顯然可見，量產的橡膠協助了這個時代的進步。美國的基礎建設因此有所進展，物流範圍大幅擴大，許多產業因應而生。幅員廣大的美國藉著這場

一九一〇年展示的福特T型車

交通革命而緊密連結，因此奠定了後來成為霸權國家的基礎。即使到了現在，橡膠輪胎載運著貨品飛馳，從腳到頭支撐著汽車業這個日本的基礎產業，其重要性不容置喙。

硫化橡膠發明以來一百數十餘年，完全改變了世界的風貌，讓人無法想像如果沒有橡膠的話，世界會是什麼樣子。那麼，如果自古以來亞洲與歐洲就產橡膠的話，歷史又會變成什麼樣子？

舉例來說，古代的中國道士想盡各種方法煉製長生不老藥。因為這樣的煉製嘗試，在一千多年前，有人因此受到啟發，用硫磺發明出火藥。如果當時有人取得橡膠的話，很有可能也會發現硫化吧？

有了這個優秀的材料，一定很容易就可以製作出比前述用膠原蛋白製作的弓箭品質更佳的飛行用品。此外，如果古羅馬人擁有橡膠，原本已經很優秀的基礎建設整備能力加上橡膠輪胎發揮的功用，或許更能擴大羅馬的統治領域。那時將領司令官的作戰策略，也會有所不同吧？城市與都市的樣貌也會異於今日？看著一條橡皮筋展開這樣的想像，也不錯。

第九章

加速創新的材料——磁鐵

什麼是磁鐵

小時候有沒有用磁鐵（又稱為磁石）在公園的沙坑裡吸過鐵沙？磁鐵是小學自然科一定會提到的教材，它也可以做成貼在冰箱門上的夾子，在我們身邊隨處可見。因為磁鐵太貼近我們的身邊，反而容易讓我們感覺不到它的存在。但仔細想想，我們的身邊似乎沒有比磁鐵更不可思議的東西。不需要別的能量加持，就可以隔著距離、隔著遮蔽物，把物體吸過來，除了磁鐵之外，還有別的東西嗎？如果磁鐵和稀有金屬一樣稀少的話，世界各國與各大企業，必定願意投入巨額資金，甚至發動戰爭來搶奪吧？因為磁鐵既有用又特殊。

不過，所幸磁鐵並不稀有，反而數量眾多，也很容易以人工的方式製造。人類利用磁鐵所成就的創新可以再帶來進一步的創新，實在讓人無法想像沒有磁鐵的世界。磁鐵可以運用的領域之廣，恐怕超乎許多人的想像。

磁鐵吸引鐵砂

磁鐵為什麼能夠吸住鐵片？這是人們自古以來一直關心的謎題。然而要清楚解釋原因，卻不那麼簡單，到了二十世紀才好不容易有了解答。不過，這個解答也不是一句「原來如此」或三言兩語就說得清楚。

其實，磁鐵產生磁力的原因，是因為電子的自旋。話雖如此，電子並非真的會像陀螺一樣自己旋轉，只是為了讓人容易了解，所以才用「自旋」這樣的說詞。

電子的自旋分為往上與往下兩種（這也是為了方便理解的說法，事實上並沒有上下的方向），但是因為一般物質的上下兩者具有相同數量，所以幾乎所有的物質會因為力量互相抵消而不具磁力。然而鐵原子因為擁有特殊的電子構造，仍然留著旋轉的性質，沒有互相抵消。在室溫中能看到這個性質的金屬，除了鐵以外，只有鈷和鎳（不過，二〇一八年已確認特殊結晶狀態的釕在室溫中會顯現出強磁性）。

話雖如此，普通的鐵塊並不具有磁鐵的功能，這是因為鐵原子的方向各不同，互相抵消磁力的關係。讓磁鐵靠近（製造出磁場），對齊鐵原子的方向，普通的鐵就會顯現出磁力。

總之，對齊鐵、鈷、鎳等特殊元素的方向時，就會產生磁力。

發現「磁鐵」

我們不確定人類什麼時候發現磁鐵。其中有一種說法是：古代的遊牧民族發現裝配在鞋子與手杖的鐵製零件，會吸附黑色的石頭。據說這就是發現磁鐵的起源。被稱為天然磁鐵礦的鐵礦石廣泛分布於自然界，之後人們也發現這樣的鐵礦帶有磁力，於是有更多人注意到它的存在。

關於磁鐵的英文名字「Magnet」的語源，也有好幾種說法，其中一種比較可信的說法是，因為磁鐵產自希臘的馬格尼西亞（Magnesia）。哲學家泰利斯（Thales，西元前六二四？～前五四六？），也在其著作中提到磁鐵。從泰利斯的論述中，可以看出當時的人已經知道磁鐵能夠吸引鐵。

泰利斯

其他許多希臘哲學家也認為磁鐵會吸引鐵，這是不會改變的事實，而關於磁鐵為什麼有吸引力，則有許多種假設。例如倡導原子論而被大家熟悉的德謨克利特（Democritus）（西元前四六〇年左右～西元前三七〇年左右）便認為：就像同種的動物會群聚一樣，與鐵類似的磁鐵自然會與吸引鐵。

中國古代因為磁鐵能夠慈愛地把鐵吸近的模樣，而稱磁鐵為「慈石」，並稱盛產慈石的地方為「慈州」，也就是現在中國河北省的邯鄲市磁縣。不管是東方還是西方，自古以來磁鐵似乎就讓人很感興趣。

在中國，磁鐵也被一些人用於醫藥上，西方也有「把磁鐵藏在枕頭下，可以讓出軌的女人跌下床」、「白色的磁鐵是愛情的媚藥」等迷信。這些都可以說是人們認為磁鐵不可思議的力量相當神秘的表現。

指南車與羅盤

一般認為，中國人最早發現磁鐵具有實用性價值。中國人發現磁鐵能夠指出南北方位，可以用來做方位的指針。

中國人一直都有「天子面南」的說法，意思是皇帝朝南面而坐。永遠指向南方的「指南車」，據說是黃帝在巡行時發明的（「指南」的語源是把人導往正確方向的意思）。不過，被設計出來安裝在這輛指南車上的機械裝置，是總是指著最初指定的方向的人偶，並不像磁鐵一樣，方向總是指向自己。

從文獻可見，一世紀時出現了「司南之杓」，這種儀器是把天然磁鐵削成湯匙的形狀，柄會朝向南方，藉此來知道方位。此外，大約三世紀時開始使用將方位磁針埋在木製的魚中並浮在水面上的「指南魚」；據說諸葛亮就使用過「指南魚」。活用磁鐵的指南針與造紙、印刷術、火藥被稱為是中國古代的四大發明。

東方的大航海時代

一直到了明朝，這個方位磁針才發揮了真正的威力。明朝的第三個皇帝——永樂皇帝任命宦官鄭和（一三七一～一四三四）為總指揮官，帶領著「寶船」前往西方諸國。鄭和第一次出航時，帶領六十二艘船隻所組成的艦隊，據說其中一艘全長一百五十公尺，換算成今日的說法，是相當於八千噸級的船隻（日本海上自衛隊的愛宕級護衛艦是七千七百五十噸）。大約一個世紀後，開始印度洋之旅的瓦斯科．達迦馬（Vasco da Gama）所率領艦隊的船艦據說是一百二十噸左右，這和鄭和下西洋的規模差距，不可說不大。

鄭和艦隊的航海次數共七次，最遠到達肯亞，帶回了許多珍奇之物。在遠離陸地的大海

鄭和的鑑隊

上，若無即使是陰天也能正確指出方位的羅盤，不用說也知道不可能完成那樣的大事業。

不過，這個「東方的大航海時代」，在鄭和死後便落幕，之後就再也沒有派遣艦隊出海。由於鄭和進行的交易活動不同於一般的商業行為，而是諸國獻上貢品給明朝，明朝再贈予諸國大量珍寶的「朝貢貿易」。但對明朝而言，朝貢貿易是極大的負擔，一般認為，這就是明朝停止派遣艦隊出洋的最大原因。如果明朝以雙方都有利的形式，讓貿易持續下去，航海技術會出現什麼樣的發展？明朝的政治與經濟又會有什麼樣的變化？會給數十年後的西方大航海時代帶來什麼樣的影響？這是耐人尋味的「歷史假設」。

讓哥倫布頭痛的「磁偏角」

羅盤在隨後來臨的歐洲大航海時代做出了極大的貢獻。英國的哲學家法蘭西斯・培根（Francis Bacon，一五六一～一六二六）在其著作《新工具》（*Novum Organum*）中，對以羅盤為首的文藝復興三大發明，有以下的評價：

> 再者，我們還該注意到發現的力量、效能和後果。這幾點表現在古人所不知、較近才發現，而起源卻還曖昧不明的三種發明上是再明顯不過的，那就是印刷、火藥和磁石。這三種發明已經在世界範圍內把事物的全部面貌和情況都改變了：第一種是在學術方面；第二種是在戰事方面；第三種是在航行方面；並由此又引起難以數計的變化；竟至任何帝國、教派、星辰對人類事物的力量和影響都彷彿無過於這些機械性的發現了。

但是，長距離的航海變得可能後，羅盤讓人意想不到的弱點浮上檯面。現在大家都知道，磁鐵並非絕對準確地指著正北，而是會「因地而異」。例如羅盤在現在的東京所指出的北方，其實是正北偏西七度左右的位置。這個角度名為「磁偏角」。

一般認為，中國在八至九世紀左右就已經了解磁偏角。最早對磁偏角提出論述的是北宋時代的政治家兼學者沈括（一〇三一～一〇九五）。沈括在其著作《夢溪筆談》中指出磁北與真北偏差，並且提及在世界各地都可以使用於航海的指南針。

大探險家哥倫布也因為磁偏角而苦惱不已。哥倫布在帶領船隻出海，航向美洲大陸的第十天時，便發現羅盤上的指針偏向西北。因為地點而變化的磁偏角，在經過漫長的航海行程後，會出現相當大的誤差，再加上船身的搖晃與周圍鐵製品的影響，要測定正確的磁偏角非常困難。

法蘭西斯・培根

人們後來才知道，磁鐵所顯示的北方，會隨著時代的的不同而有變化。據說，日本京都的二條城南北軸向東偏移了三度就是因為建築當時（一六〇三）的磁偏角。

日本江戶時代的地圖測繪家伊能忠敬（一七四五～一八一八）花了十七年的時間進行全日本巡迴測量，完成了正確的日本地圖。實際上，在那個時代，日本附近的磁偏角正好幾乎是零，很難出現誤差。伊能忠敬的地圖之所以正確得驚人，他專注於測量的用心固然是最大的因素，但也是幸運的結果。

不朽的名著《論磁石》

那麼，為什麼會有磁偏角的現象呢？為什麼磁偏角會隨著時代移動？為什麼磁鐵總是指著南北的方向呢？十六世紀末時，有一個人正面挑戰這些磁鐵之謎，他就是英國的威廉・吉伯特（William Gilbert，一五四四～一六〇三）。

吉伯特是英國女王的御醫，他在擔任御醫的同時，也花了二十年左右致力於磁鐵的研究，並且將研究所得的成果，匯集成《磁鐵論》一書。《磁鐵論》明確地說明弱磁力的磁鐵可以靠著強磁力的磁鐵來強化磁力，而磁力可以穿過遮蔽物傳遞出去，磁力可及的範圍有其限度。另外，關於磁鐵的許多迷信，也因為《論磁石》而破除了。

以現代的眼光看時，《論磁石》所討論的內容都是理所當然的事。但是無論如何，靠經驗來確定一件事和透過實驗而得到不留疑問的證明明顯不同。吉爾伯特建立假設、進行實驗取得驗證的步驟，對確立近代的科學方法，有很大的貢獻。

《論磁石》最大的成果，或許就是證明了地球本身就是一個巨大的磁石吧？在《論磁石》

威廉・吉伯特

之前，人們相信磁鐵會指出南北，是受了北極星牽引的關係，但吉爾伯特的實驗結果，否定了這一點。

地球帶有磁性的原因，被認為是地球內核熔化的鐵等金屬受到地球自轉的效應，因熱對流而產生電流，電流生成了磁場。而磁極會因為時代而移動的原因，則是液態狀的鐵不停搖晃之故。我們腳下的地球並非堅硬不移的岩塊，而是呈現動態的搖動狀態。吉伯特的磁石研究，確立了新地球觀的基礎。

地球磁場守護了生命？

地球磁場的變動比我們所想的更為活躍，甚至也會發生南北顛倒的反轉情形。在地球的歷史中，這樣的情況至少發生過數百次。距離現在最近的一次地磁反轉，出現在約七十七萬年前。因為日本千葉縣市原市發現了那一次反轉的地層遺跡，所以約七十七萬年前到

阿拉斯加的極光

約十二萬六千年前的時代稱為「千葉時代」（Chibanian）。

一般認為，地磁是生命的守護神。地球長期暴露在太陽風與銀河宇宙射線的離子體粒子中，地磁會影響這些離子體粒子的前進路線，將它們彈飛。這些被彈飛的粒子與北極、南極的大氣分子相撞後，會放出光芒。這就是極光生成的原因。

如果沒有地磁，地球會持續受到離子體粒子的爆擊，影響到生物的活動。於是就有學者針對恐龍等許多生物滅絕的原因，在地磁變化的現象中尋求解答。

不過，也有科學家抱持不同的意見。因為過去生物大滅絕的時期與地磁出現反轉的時期並不一致，而人類平安渡過了「千葉時代」的地磁反轉期。地磁反轉一定會造成影響，但不是每次都會引起生命的大滅絕。

然而，如果現在發生地磁反轉，那麼全球定位系統（GPS）與基礎通訊設施就可能會出現嚴重問題。臭氧層的變化導致紫外線大量增加等問題，也很令人擔憂，目前難以預測會造成何等規模的影響。

自一八四〇年以來的地磁測量結果，發現地磁每約一百年，會降低五％左右的強度，有人認為這是地磁反轉的徵兆。因為過去地磁反轉的週期大約是每二十萬年一次，前一次的地磁逆轉出現於約七十七萬年前，所以如果現在發生地磁反轉也不奇怪。無論如何，我們似乎都有必要十分注意今後地磁變化的情形。

現代電磁學的誕生

吉伯特也創造了表示「電」的「electricity」這個單字。electricity的語源來自希臘語的「琥珀」，因為磨擦琥珀產生靜電，琥珀的表面上吸附了細小的物體。

電力與磁力是隔著距離也能吸引物體靠近的兩種力量，吸引了起許多科學家加以研究。關於電力與磁力的研究，在物理學的領域上發展出兩個趨勢。

進入十九世紀後，英國出現了統合這兩個趨勢的兩位天才。其中一位是麥可．法拉第（Michael Faraday，一七九一～一八六七），另一位是詹姆斯．克拉克．馬克士威（James Clerk Maxwell，一八三一～一八七九）。大致上來說，法拉第從實驗的層面展示電力與磁力的密切關係，而馬克士威則藉由理論層面的研究，成功用數學公式表示兩者的密切關係。

由於他們的研究，將電力轉換成磁力，或是將磁力轉換成電力，變得可能。在現代，將電力轉換成磁力的是電磁鐵（electromagnet），將磁力轉換成電力的是發電機。法拉第除了製作出原始的發電機（發電機的雛型）外，還成功將電力轉變成動力。

法拉第多才多藝，除了在從化學橫跨到物理的廣大領域上取得許多成就外，也發明出了玻璃與實驗器具。他在面對一般人演講時，也能條理分明，侃侃而談。用現代用語來說，他也是一流的科學傳播人。

法拉第與當時英國財政大臣威廉．格萊斯頓（William Ewart Gladstone，一八〇九～一八九八）的一段對話，可以充分顯示法拉第的才智。法拉第在實際展示電磁感應的實驗時，格萊斯頓問他：「使用磁力瞬間通電，到底有什麼好處？」法拉第面對這個質問的回答是「二十年後，你們應該就可以徵收電力的稅金了吧」。

這個機智的回答至今仍然常被引用，通常被用於「現在乍看之下好像是無用的研究，但

詹姆斯・克拉克・馬克士威

麥可・法拉第

將來必會創造出極大價值，所以不該輕易放棄」這樣的情境中。不過，事實上搜尋可信度高的當代文獻時，卻找不到這段對話，因此這段對話極有可能為後人編造。

且不管前述逸事的真偽，後來電磁學的發展，遠遠超過法拉第的這段發言，如今與電力相關的稅金已經不成問題。現代所有電器製品都可以說是建立在法拉第與馬克士威的成就上。

例如馬達（電動機）就是永久磁鐵夾著線圈的構造。線圈通電後變成電磁鐵，在兩側的永久磁鐵間產生吸引力與排斥力，並且靠著這個力量得以持續轉動。發電機與此相反，是靠外部力量使線圈旋轉，產生感應電流。

明瞭了原理後就會產生新的想法，將新的想法組織起來後，就會創造出新的發明。例如一輛汽車中，不僅引擎會用到發動機，雨刷、電動窗、後視鏡、門鎖、壓縮機、散熱器等也都需要發動機，而且所有發動機各自搭配所需的磁鐵。說現代文明就是磁鐵文明，這樣的話完全不是誇大其詞。

應用於記錄媒介

磁力不僅可以應用在發動機與發電上，如今記錄資訊時，磁力也不可或缺。

磁力成為記錄資訊的媒體，最早可以追溯到一八八八年。美國的技術人員歐伯林・史密斯（Oberlin Smith，一八四〇～一九二六）在這一年發表了用鐵絲錄音的方法。不過，因為這個方法錄製的聲音品質有問題，所以並沒有受到實際運用。

一九三五年，德國的法本公司（I.G. Farben AG，全稱「染料工業利益集團」〈Interessen-Gemeinschaft Farbenindustrie AG〉把氧化鐵的磁性體塗在合成樹脂製作的膠帶上，開發出高品質的錄音磁帶，可以放進至今還有人使用的磁帶錄音機中播放。第二次世界大戰後，平・克勞斯貝（Bing Crosby，一九〇三～一九七七，美國的著名歌手暨演員，代表歌曲為「白色聖誕節」〔White Christmas〕）受到錄音帶的高品質感動，於是投資安培（Ampex）公司五萬美金，用於開發磁帶錄音機。平・克勞斯貝此舉帶動了廣播節目與音樂業界革命，讓這些產業往巨大的產業發展。

磁帶長期以來一直占據著錄音、錄像媒介之王的寶座，但在電腦時代來臨之後，這個寶座便讓給了磁碟片與硬碟。磁碟片與硬碟不同，沒有帶子纏繞的問題，還可以快速存取，擁有決定性的優勢。

這些媒介的基本原理相同，就是把被塗層的磁性體做細微的區別，然後進行磁化。南極與北極的方位，變成一位元的資訊。一九七〇年問世的八吋磁碟片的記錄容量只有八十千位元組（＝八萬位元組），但現在已經有更小型、可以隨身攜帶的硬碟，可以收錄多達數ＴＢ位元組（＝數兆位元組）的資訊。

實現這個可能性的，是巨磁阻效應與垂直磁記錄方式的創新。當記錄的媒介變得像水一樣便宜又能大量使用時，其好處無法估計。總之，協助當今這個電腦社會的，就是眾多微小到眼睛幾乎看不見的磁鐵。

鐵氧體磁鐵

尋求強力的磁鐵

磁鐵本身的進步也很驚人，而日本的研究者在其中也有很大的貢獻。如前所述，日本的「鐵之神」本多光太郎，在一九一六年創造了當時世界最強的人工磁鐵KS鋼（永久磁鐵）。

一九三〇年，加藤與五郎（一八七二～一九六七）與武井武（一八九九～一九九二）開發出可以自由成型的鐵氧體磁鐵。這個鐵氧體磁鐵以氧化鐵為主要原料煉製而成，價格非常便宜，廣泛使用於馬達、影印機、揚聲器，以及盒式磁帶。冰箱門上與白板上面的黑色磁鐵也是鐵氧體磁鐵，所以可以說鐵氧體是我們最常見的磁鐵類型。

說到磁鐵時，我們的腦海裡總會浮現出棒狀或馬蹄形狀的東西，因為從前的磁鐵如果不是那樣的形狀，就保不住磁力。鐵氧體磁鐵有強大的保磁力，即使不做成棒狀，也能長時間保有磁力，並且可以做成各種形狀，推動了磁鐵用途的飛躍性成長。

鐵氧體磁鐵其實並非特別為了某個目的而開發出來。有一天武井博士出門時忘了關掉測定裝置的開關，隔天早上發現測試中的材料帶有很強的磁力。這是所謂「偶然性」（偶然的發明）的代表性事例。有許多大發明是由這樣的幸運所成就而來。

從一九六〇年起，添加了稀土類元素的強力磁鐵問世。和歌詩人俵萬智的父親俵好夫，是活躍於日本松下電器產業與信越化學工業的研究者，他用釤這個元素製作出強力的磁鐵。俵萬知的暢銷和歌集《沙拉記念日》中，刊載了一首與父親的磁鐵有關的短歌，那是「曾經是『世界最強的』的父親的磁鐵所蹲坐的架子」。

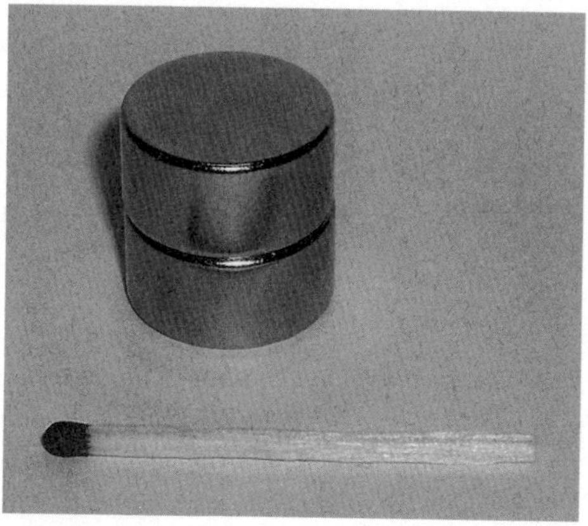

釹磁鐵

一九八二年，日本的佐川真人（一九四三～）開發出來的釹磁鐵超越了俵好夫的強力磁鐵，成為目前世界上最強大的磁鐵。釹磁鐵的磁力超強，有人甚至因為用手指拿釹磁鐵，而造成了粉碎性骨折。釹磁鐵體積小但吸力強大，對硬碟與行動電話的小型化有很大的貢獻。稀有金屬釹與鏑，也是混合動力汽車等日本自豪的高科技產品所不可欠缺的原料，已經成為國際性的政治經濟焦點。

如此看來，近年來與磁鐵相關的創新產品快速發展，確實讓人驚訝。此發展也帶動許多其他領域的創新，生活也隨之產生極大變化。

馬達與電力可以發揮出數百倍於臂力的力量，磁力記錄的媒介讓人類的記憶能力無限放大。人類身為弱小的生物，利用材料力量擴張了自身能力，建立出今日繁榮盛況。從這一點來說，沒有比磁鐵更具威力的材料。從發現可以吸引鐵的磁鐵後，人類與磁鐵已經併肩齊行數千年歷史。

第十章

「輕金屬」的奇蹟——鋁

防禦力與機動性並立

關於盔冑與鎧甲，真可以說是一部充滿血淚與努力而成的歷史。從最早的青銅護甲開始，此後有了鎖子甲（環鎖甲）與鱗甲（把鱗狀的金屬密密地縫在皮革內的防護衣），然後再慢慢開發出更輕便、可以靈活行動的盔甲。不過，當長弓與槍等威力強大的新武器出現後，前述的盔甲便不足以對抗，需要的是可以包覆全身的牢固甲冑……但在那樣的時代裡，實在難以製作出輕而方便的防護裝備。

馬克西米利安一世

神聖羅馬帝國的皇帝馬克西米利安一世（Maximilian I，一四五九～一五一九）自稱是「最後的騎士」。他設立自己專用的盔甲工廠，為自己製作實用且輕量化的鎧甲。經過研究後，他將薄鐵板加工做成波浪狀來增加強度，有了波浪狀溝槽的盔甲可以避開劍與箭。但是，即使如此花盡心思做出的馬克西米利安式盔甲，其總重量仍然高達三十五公斤，如果沒有相當的體力，穿上這樣的「重」裝備後，恐怕連轉個身都不容易吧？

日本的鎧甲也一樣沉重，對個頭矮小的日本人來說，鎧甲絕對是相當大的負擔。今川義元（譯注：日本戰國時代守護大名今川氏的第十一代家督）穿著鎧甲跌倒後，無法自己一個人站起來的故事流傳至今。鎧甲保護兵士的生命，但若一個不小心，也可能奪走其生命。

重量輕的木材與布料不足以防禦，堅固的鐵或青銅又欠缺機動性，而能夠簡單解決這個數千年來讓全世界的武將與盔甲工匠煩惱的材料，卻被現在的我們習以為常地使用著。那就是本章的主角——鋁。

鋁的比重是水的二．七倍，只有鐵（七．八七倍）與銅（八．九四倍）的三分之一左右。鋁的強度雖然比鐵與銅稍差，不過鋁做成的合金的強度，卻足夠用來製作日本機動隊稱之為現代盔甲的盾與防護服（但近年來增加了將在第十一章提到的透明聚碳酸酯產品）。

鋁這個元素廣泛分布全球。地表的元素中，鋁的含量僅次於氧、矽，位於第三（重量比約七．五％），遠多於鐵（四．七％）與鈣（三．四％）。長石與雲母等常見中礦物，均含有大量的鋁，所以地表上的鋁當然很多。

雖然如此，這個廣泛分布的優秀金屬，卻遲遲未出現在人們面前。一直到鋁一八二五年左右，人們才開始認識這個金屬。所以說截至目前為止，鋁金屬的歷史還不到兩百年。此外，二十世紀之後才確立鋁的量產方法。

鋁的發現與工業化如此落後的原因，在於鋁與氧的結合太過緊密牢固。距今約二十七億年前，地球上出現了一種名為藍菌門的細菌，這種細菌會在空氣中散布大量的氧。此時，鐵與鋁等容易與氧結合的元素全部與氧結合，以氧化物的形式沉積。經過很長的時間之後，在化學家的呼喚下，沉睡了很久的鋁與氧的結合體終於醒來。

雖然大自然的懷抱很深，仍舊有地方讓鋁以金屬的狀態出土。位於俄羅斯堪察加半島的托爾巴奇克山，就是其中一個稀有的地方。那裡的地下與含有氧氣的外面空氣隔絕，屬於還原性火山氣體作用的極特殊環境，因此存在著少量的金屬狀態鋁。

如果自然界中存在著大量金屬狀態鋁，並且被拿來利用，製作成武器與防護器物，那麼這個世界的戰術史，乃至於整個歷史的走向，恐怕都會有很大改變。等的，鋁也和橡膠與塑料一樣，會讓人類展開想像的翅膀，生出「如果那個時代有……」的想法。

發現鋁

那麼，人類是如何發現鋁的呢？鋁最初是從明礬中被提取出來的。明礬是礦物與溫泉中的「湯花」形成的，自古以來便被拿來當做染劑的介質與鞣皮劑使用。

如前所述，鋁很容易與氧原子結合，最多可以與四個氧原子結合。當做染劑介質時，布料中的氧原子與染料的氧原子便以鋁為媒介而結合。而鞣皮時，皮革中的蛋白質所含的氧原子藉著鋁互相結合，變成堅固而不易分解的結構。人類靠著經驗，發現了鋁的功能，並且充分加以利用。

然而要分離氧與鋁卻不是容易的事。法國的化學家安東萬・拉瓦節（Antoine Lavoisier，一七四三～一七九四）雖然指出了明礬中含有不明金屬元素的可能性，卻未有分離出那個金屬元素。到了一八〇二年，英國的化學家漢弗里・戴維（Humphry Davy，一七七八～一八二九）在明礬中發現了新的金屬氧化物，並以拉丁語中表示明礬的「alum」來命名這個新的金屬氧化物為「alumium」（是alumium，不是aluminum）。這個字與拉丁語表示「發亮的東西」的「a lumine」相呼應。

第一位成功分離出連拉瓦節與戴維這種大理化學者也莫可奈何的鋁的人，是丹麥的漢

漢斯·克里斯蒂安·厄斯特

漢弗里·戴維

安東萬·拉瓦節

斯·克里斯蒂安·厄斯特（Hans Christian Ørsted，一七七七～一八五一）。不過，用他的方法分離出來的鋁中殘留著水銀，同時也只能製造出極少量的鋁。在之後幾十年裡，鋁雖然不像現在的稀有金屬那樣少，但也以極為貴重而且高價的金屬之姿君臨天下。

熱愛鋁元素的皇帝

曾經有一位皇帝特別喜歡鋁元素，他就是法國皇帝拿破崙三世（一八〇八～一八七三）。讓拿破崙三世喜歡上鋁的契機，是一八五五年的巴黎萬國博覽會。當時珍貴的細長鋁棒以「來自黏土的銀」之名，和鑲滿寶石的皇冠放在一起並列展出。鋁以珍貴而稀有的金屬之姿，成為萬國博覽會的焦點，吸引了參觀者的目光，震撼了人們。

欣賞過「來自黏土的銀」後，拿破崙三世大力推動鋁元素的研究，並命人在巴黎近郊興建工廠，以在那個工廠製造出來的鋁元素製作自己的衣服鈕扣、扇子、皇太子的玩具等等。他還用鋁元素製造的盤子、湯匙、刀叉招待最尊貴的客人，其次的重要客人則用金或銀製的餐具招待。看到客人因為鋁製餐具的輕盈而露出驚訝的表情時，這位皇帝便會露出滿意的笑容。

拿破崙三世當然並非只為了讓人感到驚訝而推動鋁元素的研究，他是看出了如果能把這樣輕而堅固的金屬應用在軍備上，必定能提高騎兵的機動力與層次，大幅增加與列強對抗時的優勢。這是身為國家領導者應有的眼光。可惜在拿破崙三世有生之年並未實現鋁製的軍備。一八七〇年，拿破崙三世被敵國普魯士俘虜而退位。

拿破崙三世

之後一段時間裡，鋁仍然是稀少的金屬。美國為了彰顯本國的威望，在一八八四年竣工的華盛頓紀念碑的尖頂上，覆蓋了二．七公斤的鋁元素製成帽蓋。據一位歷史學家的說法，當時每一盎司（約二十八公克）鋁的價格，等於所有建塔工人的一日薪資。由此可見一百數十年前的鋁元素，是如同黃金與白金般，價格高到難以形容的「貴金屬」。

鋁元素的科學

如前所述，在眾多金屬元素中，鋁元素獨具一格。說到質輕、穩定、價格便宜又能大量生產的金屬，除了鋁元素之外，恐怕別無其他。我們因為已經習慣它的存在，所以不覺得它有什麼特別，但從它的特性看來，鋁實在可以說是奇蹟般的金屬。

鋁原子本身特別輕，其質量相當於氫原子的二十七倍左右。而鐵是氫的約五十六倍，銅是約六十三倍，金是約一百九十七倍，由此就可以理解鋁為什麼比這些金屬輕。

也有比鋁元素輕的金屬，例如鋰（比重〇．五三）、鈉（比重〇．九七）、鈣（比重一．五五），但這些輕的金屬都很容易氧化，並且有會生鏽的困擾，或一沾到水便會起火燃燒，所以並不適合做為材料。

話說回來，或許讀者會問「前面不是也提到鋁元素很容易和氧結合，那麼鋁元素也非常容易生鏽嗎？」事實上，鋁元素製品並不容易生鏽。這種說法乍看之下非常矛盾。

其實，鋁也是一旦暴露於空氣中，就會很快生鏽的金屬，只是生鏽的情況和鈉與鈣不同。鋁元素的鏽會在表面形成緻密的皮膜，讓氧化的現象不會往內部滲透。因為這層皮膜極薄，所以外表幾乎看不出來有何變化。鋁這種「鈍化」的狀態，只能說是神賜給人類的絕佳禮物。

另外，鋁元素還有容易切削加工的優點。由於鋁元素有高度的導熱性與導電性，所以廣泛使用於電器產品；另外，鋁也擁有豐富的延展性，非常適合拉薄、展延做成鋁箔。銀白色的鋁箔看起來很漂亮，除了實用外也兼具金屬的美感。

只是，擁有絕佳特性的鋁元素，在沒有解決與氧分離的難題之前，就宛如高嶺之花，無法觸及，只能孤芳自賞。反過來說，一旦解決了與氧分離的難題，發明家就能獲得巨大的財富。以前鍊金術師的夢想就是把卑金屬變成黃金，而量產鋁的夢想，足可與鍊金術師的夢想匹敵。

青年製造的奇蹟

一八八〇年代，美國俄亥俄州歐柏林學院的弗蘭克．范寧．傑維特（Frank Fanning Jewett，一八四四～一九二六）教授為了鼓舞學生，激發學生的學習興趣，在詳細敘述鋁元素的性質時，說了一句「能夠大量製造出這個金屬的人，一定會變成大富翁」。一位學生聽了這句話後，便下定決心挑戰精煉出鋁元素的實驗。這位學生就是查爾斯．馬丁．霍爾（Charles Martin Hall，一八六三～一九一四）。

在此之前，精煉鋁的方法是讓氯化鋁與金屬鈉產生作用，再去除氯化，煉製出金屬鋁。可是，使用這種方法時，金屬鈉的製造及反應危險度極高，成本也很高，所以不管怎麼努力都很難大量生產。

另一個煉鋁的方法是藉著電力分離鋁元素與氧。請回想一下中學化學課時電解氯化銅的課程吧！將兩個電極分別置於溶化的氯化銅水中的兩端，通電之後，氯會附著在陽極上，銅元素在陰

查爾斯．馬丁．霍爾

極上。銅與氯因為電的能量而被分開。

可是，這個方法可以把銅分離出來，卻無法分離出鋁。電解氯化鋁溶液時，附著在陰極的並不是金屬鋁，而是氫。水中所含的氫離子代替鋁元素接受了電子。氫與鋁競爭時，獲勝的總是氫，這是無法改變的事實。不管怎麼說，若不溶化成液體，電流就不會流動。

在此之前，科學家已經了解如何從含有鋁元素的鋁土礦礦石中提煉出純粹的氧化鋁。於是科學家想到可以使用高溫加熱，讓氧化鋁熔化成液體，然後把電極插入氧化鋁的液體中通電。這樣的話就沒有氫的干擾，應該就可以只獲得鋁。

這個原理雖正確，但是要進行起來卻很困難。因為氧化鋁的熔點超過兩千度，而能夠耐得住這麼高溫的材料非常少，而且消耗的能源與成本極高。

為了解決這個問題，霍爾在無數次的失敗後，終於成功利用含有氧化鋁的冰晶石這個礦物。用一千度左右的高溫熔化冰晶石，然後把氧化鋁投入液態的冰晶石中，讓兩者溶合。也就是說，用液化的冰晶石代替水來溶化氧化鋁。用碳電極電解這個液體後，終於得到金屬鋁。年僅二十三歲的霍爾，漂亮地完成了偉大的前輩未能生產的鋁。

不過，不只有霍爾一人想到這個方法。在隔著大西洋的法國，化學家保羅·埃魯（Paul Louis Toussaint Héroult，一八六三～一九一四），於一八八六年時，也發現了幾乎相同的方法。於是這個精煉鋁的方法便以他們的名字命名為「霍爾—埃魯法」。現代人基本上還是使用這個方法來生產鋁。

霍爾與埃魯都出生於一八六三年，一八八六年時他們都是二十三歲，發現了幾乎相同的煉鋁方法，也一樣死於一九一四年。這兩個人出生的國家距離遙遠，彼此並不認識，卻有這麼多相同的境遇，實在是不可思議的緣分。

在完全不同的地點、幾乎相同的時間裡，有了相同的發現，這種情況在科學界其實經常發生。之所以如此或許是由和鋁相關知識的累積與發電設備普及、電力供應豐富等條件具備下所促成。能夠在那個時代製造出鋁，雖然存在著偶然性的巧合，卻一定是歷史的必然。

保羅・埃魯

霍爾在一八八八年利用這個技術創業，他所創辦的美國鋁業公司（Alcoa）快速成長，最初鋁的日產量為五十磅（約二・三公斤）左右，僅僅二十年後，就成長到八萬八千磅（約四十噸）。雖然鋁的價格在量產後瞬間下滑，但鋁也因此快速普及到全世界。霍爾現在如果還活著的話，個人資產可以高達數百億日圓，成為史上最有錢的化學家。霍爾的老師傑維特教授的預言一點也沒錯。

可以在天上飛的合金

鋁就這樣出現在世人的面前，但是相較於鋼鐵，鋁的強度太低。科學家為了彌補這個弱點，積極進行研究，於是發現添加少量的銅、鎂、錳後，可以大幅改善鋁的強度。因為德國的杜倫納（Dürener）金屬工業公司取得了這項發現的獨占製造權，於是這個合金便依照Dürener與aluminium這兩個字而名為「杜拉鋁」（duralumin，又稱為「硬鋁」）。

這項發現的意義重大。除了前述的盾與防護衣外，硬鋁也用於製作輸送現金的箱子。另外，研究者改變添加的金屬組合，也製造出更強的超硬鋁合金。

這些鋁合金在飛行領域上的應用，意義最為重大。為了在天空飛行，最優先的條件考量是材料的重量要輕，且質地要堅固，而鋁是最能發揮這種條件的金屬。實際上，由萊特兄弟所製造最早的飛機「飛行者一號」（一九〇三）的引擎材料也使用了鋁。

接下來，飛機的設計技術進步飛速。一九一二年實現了飛行速度可達兩百公里的技術，第一次世界大戰於一九一四年開始時，軍用飛機也已經開始活躍。不過，回顧當時會覺得有點難以相信的是，在一九三〇年代以前，製作飛機機體的材料還是以木頭與布為主流。一九二七年，查爾斯・奧古斯都・林白（Charles Augustus Lindbergh，一九〇二～一九七四）首次成功橫渡大西洋時所駕駛的飛機聖路易斯精神號（Spirit of St. Louis），機體是由膠合板組成，機翼則是以鋪布的木架做成。

胡戈・容克斯

德國的胡戈・容克斯（Hugo Junkers，一八五九～一九三五）是第一位以全金屬製造出飛機的工程師。在宮崎駿導演的動畫影片《風起了》（風立ちぬ）裡有一位以容克斯為原型的人物，所以應該有很多人記得這個名字吧？

一九一五年容克斯設計出首架用鋼鐵打造機身的飛機「J1」，並且試飛行成功，確立了鋼鐵機身飛機的性能。在了解和硬鋁相關的資訊後，容克斯便開始使用硬鋁打造飛機，於一九一九年完成可以乘坐六人的「J13」。這個機體的燃油性佳，可以從熱帶飛到寒帶，具有長程飛行的可能性，展現了良好的性能。

容克斯在一九二三年提出的論文裡指出：木材有遇火會燃燒與腐朽的問題，也會因為高溫而輕微變形，這對飛行的性能有很大的影響。容克斯認為，金屬製的機身就不會產生這些問題。而且，木材還有長度與厚度的限制，強度也不穩定。金屬可以打造成任何想要的形狀，也可以讓整體機身有一定強度。以上所述真的很有道理。

然而，儘管實際展示出金屬機身的優秀性能，也公開指出大家都同意的論點，全金屬打造的飛機還是不易普及。一直到容克斯最初設計的「J1」成功飛行二十年後的一九三〇年代中期，全金屬打造的飛機才成為主流。

花了這麼長時間才讓木製機身轉換成全金屬機身的原因，與關係到人命的飛機設計有關。因為一般人還是相當難接受全金屬的機身在天上飛，畢竟人命關天，設計者不得不保守行事。明知新科技的優越性，卻難以加以應用，相信很多現代科技人員也有相同的感受。

新材料帶來的革命

之後，飛機也帶動了以噴射引擎為首的種種技術革新，並帶領人類也進入以飛機旅行的時代。鋁在其中貢獻極大，例如，波音747型客機的機身有八一％是由鋁合金製成。另外，耐低溫的鋁元素也沒有缺席探索宇宙的鴻圖。火箭的燃料桶與國際宇宙站等也大量以鋁為材

首次飛行成功的飛行者一號

德國博物館內的容克斯「F13」(早期稱「J13」)

波音747-8F

料。如果說啟動車輛革命的材料是橡膠，那麼，鋁就是飛機時代的材料。

鋁的用途當然不只限於特殊場所，從我們身邊的飲料罐到高樓大廈，都是鋁可以發揮作用的地方。要在我們周遭尋找完全沒有使用到鋁的東西，可說相當困難。僅僅一百多年前，人們完全無法想像會有輕而堅固、不會生鏽的金屬。但是鋁元素的出現和快速普及，讓習慣生活中鋁無所不在的人無法想像沒有鋁的時代要如何生活。然而現在的我們卻不懂新材料所帶來的便利，甚至沒有意識到它們的存在。近在身邊，且引發了人們意識不到的革命，這就是新材料的力量吧？

第十一章

千變萬化的萬能材料——塑膠

席捲世界的材料

幾十年前的日本，若是在自動販賣機買罐裝或玻璃瓶裝果汁，可以把買來的果汁瓶的王冠狀瓶蓋掛在自動販賣機的開瓶器上，用力一扣，就可以讓瓶蓋脫落，打開果汁瓶蓋。然而現在已成為令人懷念的情景。

讓玻璃瓶在日本消失的轉折點，是一九八二年時日本修正了食品衛生法。從此，聚對苯二甲酸乙二酯（polyethylene terephthalate，簡稱PET或PETE）製的容器，也就是說塑膠製的容器可以用來做為飲料瓶。

塑膠瓶輕便易於攜帶，瓶身透明可以看到內容物，掉到地上也不會破裂。更重要的是打開瓶蓋後，還可以再蓋回去。這個劃時代的產品瞬間便取代了玻璃瓶，也是理所當然。此外，近年來塑膠瓶的設計愈來愈有獨特性，達到了產品差異化的效果。塑膠容易塑造形狀的特性，更是玻璃難以比擬的優勢。

塑膠能夠取代的產品，當然不只是果汁瓶。塑膠的真正普及開始於第二次世界大戰後，以前用木材、陶器、玻璃等材料製作的許多產品，幾乎都被塑膠取代。同樣的，紙袋與布袋也被可以延展得很薄的塑膠袋所取代。

現在的我們身上穿著塑膠纖維做的衣服，坐在塑膠椅上，使用塑膠餐具飲食，以塑膠做的信用卡付錢，看著以塑膠媒介記錄、透過塑膠製顯示器傳達出的影像，若因此視力減弱，便戴上塑膠鏡片來矯正視力。現在的我們就是過著這樣的生活。人類在歷史上開發、使用了許多的材料，但沒有一樣材料能像塑膠那樣，取代那麼多之前材料的原來地位。

最強的理由

塑膠擁有強大「取代能力」的原因，主要就是因為它的缺點少，而且能夠依據需求而千變萬化。塑膠量輕而質地堅固，成本低而可以大量生產。既可以透明，也可以著色，還能輕鬆打造成任何形狀。

如果想讓塑膠更輕，可以像發泡塑膠或聚氨酯泡沫一樣，讓塑膠含有空氣，這樣的塑膠不僅會變輕，還具有保溫作用。如果要讓塑膠變得更堅固，就要添加聚碳酸酯。塑膠加了聚碳酸酯後的耐衝擊力是一般玻璃的兩百五十倍，並且可以承受更嚴苛的條件，因此廣泛應用在CD、信號器與飛機材料上。

不耐熱是塑膠的最大缺點，但只要願意付出更高的成本，就能提高耐熱度。例如被稱為

也使用了聚碳酸酯的F-22戰鬥機

聚醯亞胺（Polyimide）的塑膠，就能夠耐高溫到將近四百度，也能忍受接近絕對零度的低溫，是探索宇宙時不可缺少的材料。

如果希望藥品能長久保存，那麼有聚四氟乙烯（譯注：俗稱塑膠王，也就是鐵氟龍）。因為鐵氟龍浸泡在濃硫酸亞強鹼中也不會受損，所以很適合用來製作科學實驗用的器材。最常見的用途就是利用其低磨擦系數，做成不易燒焦的不沾鍋，對日常生活有很大的助益。

由此可知，塑膠的強固與否，與添加的內容多寡和厚度也有關係。由於塑膠是純人工材料，所以會因為不同的設計而出現更多姿多彩的特性，可以發揮的空間很大，木材與金屬等材料無法比擬。若要說塑膠的缺點，那就是塑膠會因為太陽光照射而劣化，所以不耐長期使用。不過，這似乎正是現代消費社會的特徵。

扼殺塑膠的皇帝

是誰最早注意到塑膠有能夠取代其他材料的威力？這個人或許正是羅馬帝國的第二位皇帝提貝里烏斯（Tiberius Caesar Augustus）。出生於西元前四十二年，死於西元三十七年的提貝里烏斯，與耶穌生活於同一個時代。但是，兩千年前就已經有塑膠了嗎？請看以下這一則關於他的逸事。

有一次，一位工匠前來晉見提貝里烏斯，他準備獻給皇帝一個玻璃製的杯子。但當皇帝手拿著玻璃杯鑑賞時，這位工匠突然說「請把杯子還給我」。可是，這位工匠在取回杯子後，卻突然將杯子摔向地面。每個見到工匠摔杯子的人，都認為杯子一定會摔得粉碎，但令人驚奇的是，摔落地面的杯子卻連一絲裂痕也沒有，只是像青銅器般有了一點凹陷。接著工匠還拿出一把小槌子，從杯子內側輕輕敲打凹陷處，讓杯子恢復原狀。

儘管細節稍有不同，但確實有多位作者記錄了這則逸事，所以這則逸事應該並非完全虛構。博物學者老普林尼（蓋烏斯．普林尼．塞孔杜斯，Gaius Plinius Secundus，二三～七九）

在針對此事件的記述中，稱這個杯子是「軟玻璃」。在連化學這門學問的原型都還沒有誕生的那個時代，那位工匠是如何做出那個杯子的呢？遺憾的是，這已是永遠之謎。

提貝里烏斯問工匠：「除了你之外，還有誰知道這個杯子的製作方法？」工匠回答：「除了我之外，沒有別人知道。」於是皇帝當下便命令道：「把這個男人的頭砍下來」。「羅馬的塑膠」製法就在那名工匠人頭落地的剎那，永遠消失了。

提貝里烏斯讓工匠人頭落地的原因是，那樣的杯子一旦上市，無疑會打擊到以黃金為首的寶物價值，導致黃金與其他寶物的價格大幅下滑。提貝里烏斯繼承羅馬帝政開創者奧古斯都，是安定國家建設的重心人物。從他的角度來看，工匠呈獻的「玻璃杯」或許會成為打亂好不容易確立的價值體系的新寶物，不妥善處理的話，恐怕就是傷害現存價值體系的危險因子。

提貝里烏斯

提貝里烏斯之後，羅馬維持了數百年的命脈，如果從這一點思考，提貝里烏斯的決定或許正確。然而他的決定也讓這個透明、漂亮、可能可以任意變形並成形的材料，晚了將近兩千年才到人類的手中。這個對羅馬之後的歐洲文明發展可能有著巨大影響的新材料，在奪走發明者的生命後，便消失在歷史的黑暗中。

這樣的事情當然也會出現在現代吧？難怪人們常說大型企業不會有突破性的創新。在當今社會中，我們的確看過一些例子，因為已經建立起來的流通網與關係企業的阻礙，以及公司內部其他單位的排斥，突破性的發明種子再公布之前就已遭到扼殺，沒有問世的機會。曾經任職於製藥業界的筆者，就親眼見過那樣的情形。

所謂顛覆性的創新，或許是比發現材料的種子、將材料種子製作成形、呈現給世人更困難的事。那是思考不受既有概念限制，體內隱藏著某種異常能力，像是史蒂夫·賈伯斯（Steven Jobs，一九五五～二〇一一）這樣的人物，才能辦到的吧。

塑膠是巨大的分子

到目前為止，我還沒有說明塑膠到底是什麼。英文「plastic」當形容詞用時，有「可塑性的、柔軟的」之意（plastic當名詞時就是塑膠）。如果塑膠只是如此的話，那麼黏土甚至是麵糰，也可以說是塑膠。

根據現在日本工業規格（JIS）的說明，塑膠以「高分子物質（大部分是合成樹脂）為主要原料，在人為的塑造下，做成有用形狀的固體。但是橡膠、塗料、接著劑等除外」。這段話中的關鍵字是「高分子」。

我們周遭有許多東西都是由數個原子結合而成的「分子」。例如水是由一個氧原子和兩個氫原子結合而成的分子，而糖是由十二個碳，二十二個氫和十一個氧，合計四十五個原子結合而成的分子。含有的原子數量若在數千個以下，稱為「低分子」。

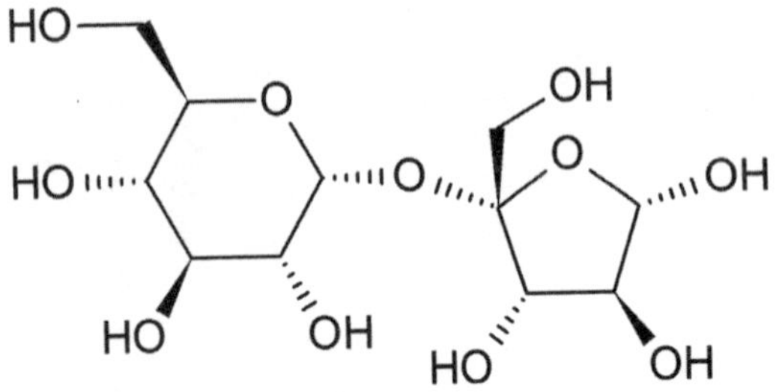

低分子的糖（蔗糖）的結構圖

相對於「低分子」，由數千個到數萬個以上的原子所結合而成的巨大分子，就是「高分子」。高分子並不是什麼特別稀有的東西，本書所提到的纖維素與絲蛋白等，都是高分子的一種。我們體內的DNA與蛋白質等，也在高分子的範圍內。但是，這些高分子不能「在人為的塑造下，做成有用形狀」，所以不能稱為塑膠。

簡而言之，以人為的方式將許多原子連結起來，做成容易使用的固狀體，都可以說是塑膠。塑膠一詞，包含了範疇

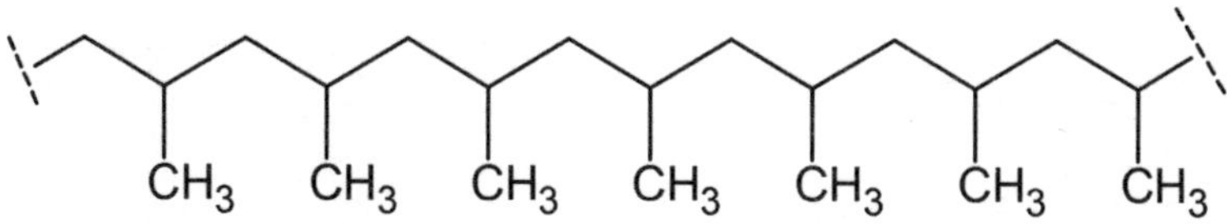

代表性的高分子，聚丙烯的結構

大到可怕的物質群。例如尼龍與聚酯等合成纖維，在定義上也包含在塑膠的範圍內。

事實上，同樣被稱為聚對苯二甲酸乙二酯（簡稱PET）的高分子，根據成型方法的不同，既可以做成塑膠瓶，也可以做成雙面刷毛布與襯衫等布料、衣服，和磁帶等等。塑膠確實可以千變萬化，儘管外觀完全不同，但在分子的水平上卻相同。這種情形很常見。

雖然是巨大分子，但並不是胡亂地把無數的原子連接在一起就可以成為塑膠。多數的塑膠都是由基本的單位分子（單體「monomer」）連接而成的重覆結構。例如前面提到的PET，就是由很多的乙烯和對苯二甲酸的單位分子交替排列，連接在一起的材料。

塑膠的名稱中，很多名稱都以「poly-」做為開頭，例如聚乙烯（polyethylene）、聚苯乙烯（Polystyrene），「poly-」在希臘語中代表「多」的意思。聚乙烯與聚苯乙烯，表示各自連結了許多的乙烯和苯乙烯。

但是對於化學家來說，巨大的分子有其難以處理之處。為什麼難

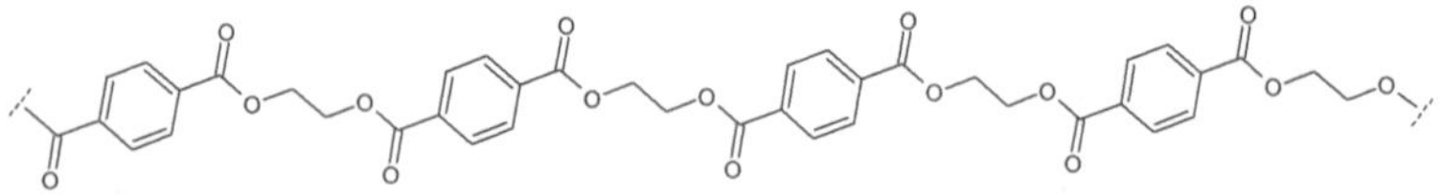

相同的組成部分重覆組成的PET的結構圖

呢？說起來便是巨大分子很難溶於液體之中。化學家只能從混合物中取出一個種類的物質，對生成的東西進行化學反應，並加以分析，以確認是否出現預定的目標。這一連串的步驟，一般都是溶解在溶液中，在液體的狀態下進行的，而不易溶解的高分子會讓這些步驟變得困難。過程困難的話，自然就難以辨明真面目，所以說對研究者而言，高分子可以說是棘手之物。

還有一點，高分子是由多個組成部分所串連起來，但其數量卻不固定。要讓組成部分在結合一千個的時候停止並不容易，合成大小一致的高分子，如今仍是相當尖端的研究課題。因此只能將各種大小不一的高分子混合處理，這是迄今為止的化學力有未逮之處。

實際上在進行實驗時，偶然也會出現多個分子連結，形成高分子的情形。不過，那樣形成的高分子有許多是烏黑、洗也洗不掉、黏糊糊、讓人嫌棄得想要丟棄的產物。也難怪以高分子為研究對象的化學家並不多。

因此，高分子的化學發展比低分子落後許多。正式的化學工業從十九世紀中葉開始發展，但塑膠與合成纖維的正式普及，又比化學工業晚了將近一世紀，一大原因就在於此。

在機緣巧合下出現的塑膠

那樣的塑膠是怎麼做出來的呢？就讓我們來看看塑膠研發的進程。我們常稱塑膠為「合成樹脂」。樹脂（松脂等樹木的汁液乾燥後的固體）是最早被人類使用的塑膠狀化合物，不過，其用途只限於接著劑與防滑劑。

漆也是樹脂的其中一個例子。把從漆樹取得的樹液塗抹在木材等物質的表面上等待乾燥，漆液中含有漆酚會發揮作用讓酶與氧結合，成為高分子。如此程序製作出的漆器，相當於塑膠的遠祖。

一直到十九世紀下半後如此晚近的時代，人工塑膠才誕生。瑞士的化學家克里斯提安・尚班（Christian Friedrich Schönbein，一七九九～一八六八）創造出發現塑膠的第一個契機。一八四五年，尚班在家中的廚房進行實驗時，不小心把硝酸和硫酸潑灑在地板上。由於妻子禁止他在家中做實驗，於是他連忙拿著妻子的圍裙擦地板，然後吊在爐子上烘乾，誰知圍裙竟然著火，瞬間便燒毀了。

約翰·韋斯利·海厄特

克里斯提安·尚班

原來是因為圍裙成分中的纖維素在硫酸的作用下與硝酸化合，形成硝化纖維。因為這個纖維素很容易燃燒，所以後來化身為「火藥棉」，活躍於戰場上。

一八五六年，約翰·韋斯利·海厄特（John Wesley Hyatt，一八三七～一九二〇）發現在這樣的硝化纖維裡混入二〇%左右的樟腦時，硝化纖維便會出現硬化的現象。海厄特並且將硬化的硝化纖維加以實際應用及商品化，取名為賽璐珞（Celluloid）。

可以任意塑形、硬而堅固、擁有前所未有特性的賽璐珞，被廣泛拿來做成眼鏡架、假牙、鋼琴鍵盤、餐具刀叉的把柄等等，銷售成績急速成長。這些商品以前都是用象牙做成，因此海厄特可以說是象的大恩人。

一八八九年，柯達公司（Eastman Kodak Company）開發了賽璐珞製的電影膠片，一直到一九五〇年代之前都受到廣泛使用。賽璐珞也在二十世紀的文化中扮演了重要的角色。

不過，賽璐珞的缺點就是前面所說的過於易燃。這樣的特性還留下了一則真假難說的傳說，據說賽璐珞做的撞球有一次在互撞的瞬間發生爆炸，爆炸聲讓周圍的人誤以是槍聲，於是有人互相開槍射擊，發生了暴亂。此外，因為攝影機與照明所產生的熱度，也很容易導致電影膠片著火，數次造成火災，奪走了許多人的生命。

因為賽璐珞的製造與儲藏都有很嚴格的規定，所以在容易處理的塑膠出現的現代，看到賽璐珞的機會已經非常難得。如今賽璐珞雖然幾乎完全退休，但它在材料歷史中所發揮的作用，可以說極其重大。

悲劇的天才

之後，美國的化學家利奧・貝克蘭（Leo Baekeland，一八六三～一九四四）於一九〇七年混合苯酚與福馬林，做出了堅硬的固體電木（Bakelite」，成為商品的材料。一般認為，電木是第一個完全由人工合成的塑膠，現在也用來做為電器產品的絕緣體。

華萊士・休姆・卡羅瑟斯

赫爾曼・施陶丁格

有了這樣的基礎，科學家開始進一步研究。一九二〇年，德國的赫爾曼・施陶丁格（**Hermann Staudinger**，一八八一～一九六五）提出了巨大分子就是高分子的概念。但是當時人們只知道原子數從數十個到數百個的低分子，所以認為他的想法太天馬行空，甚至有同事寫信勸告他，「致親愛的朋友，請放棄大分子之類的想法吧！因為巨大的分子並不存在」。另外，身為和平主義者的施陶丁格因為受到來自納粹政權迫害的影響，也讓他的巨大分子說很難廣被接受。

美國化學家華萊士・休姆・卡羅瑟斯（**Wallace Hume Carothers**，一八九六～一九三七）想到從實驗層面來證明巨大分子說。杜邦公司相中原本在哈佛大學研究部門工作的卡羅瑟斯，聘請他統籌與企業利益沒有直接關係的基礎研究，卡羅瑟斯便在杜邦公司進行高分子合成的實驗。

卡羅瑟斯思考的做法是，讓A原子團與B原子團產生反應、結合成AB，然後組成如同電車連結器般的東西。那麼，如果在分子的兩端安裝成為連結器的原子團，也就是說混合**A-A**和**B-B**的話，不就會形成**-AB-BA-AB-BA-**……，像列車一樣，可以無限延續的細長連結分子嗎？

到了一九三四年，卡羅瑟斯做出數個像高分子般的物質，但這些基礎性研究發展下的產物，並未對製造產品有所貢獻。以胺的原子團與羧酸原子團組合成「連結器」使用的實驗相對容易。筆者中學時就曾在化學社團活動中做過那樣的實驗，但只做出看起來像乾巴巴的昆布一樣的物體，怎麼看都不覺得會有用。

但是某一天，卡羅瑟斯的一個下屬把這個東西黏在棍子上，並且試著拉扯，結果發現可以把它拉長。於是他們在卡羅瑟斯不在的日子裡，想試看看這個東西可以拉到多長，結果拉著它在室內繞了好幾圈後，出現了像蠶絲一樣的堅韌纖維。這就是人類第一個發現的合成纖維尼龍。

卡羅瑟斯合成的高分子是由己二酸與己二胺兩種分子交互連結形成的一條長鏈。但是剛合成的分子像義大利麵一樣糾纏在一起，無法發揮其真正價值。不過，若拉動這條連結鏈，多數分子就會對齊一個方向，並且互相吸引，歸納成完整的一束。這就是「黏稠的昆布」化為堅韌纖維的祕密。

這種高分子的特性，與其說影響了各個分子的結構，不如說對分子間如何聚集影響更大。拉長高分子的手法被命名為「冷拉伸法」，這樣的名字有其道理，而且的確可以製作出結實的纖維。不過這是一位研究者從遊戲中發展出來的。

尼龍絲襪於一九四〇年開始在美國上市，並以「由碳、空氣、水做成，比蜘蛛絲細，比蠶絲美，比鋼鐵更堅韌的纖維」的廣告詞，贏得了好評。然而這個發明並非來自以產品化為目標的研究，而是開始於純粹的學術性研究。

可惜的是，取得此一歷史性成就的卡羅瑟斯飽受憂鬱症之苦，未能看到尼龍商品化，一九三七年，他四十一歲那一年，便早早自行結束生命。如果他不那麼早死，或許還會開發出更多更優秀的高分子，而且很有可能在一九五三年與前面提到的施陶丁格，一起得到諾貝爾化學獎。卡羅瑟斯是科學史上留名的天才人物，可惜英年早逝。

王者聚乙烯的誕生

如前所述，塑膠的種類各式各樣，但到塑膠之王，非聚乙烯莫屬。我們身邊有許多塑膠做的商品，例如塑膠桶、塑膠袋，都是聚乙烯的產品，聚乙烯的生產量占了所有塑膠的四分之一，在短時間內，它的王者地位應該都不會受到動搖。

聚乙烯的發現也是來自偶然。一九三三年，在卡羅瑟斯研究尼龍的同時期，英國的帝國化學工業（Imperial Chemical Industries Ltd，縮寫為「ICI」），進行了讓乙烯氣體和苯甲醛產生反應的實驗。某一天的實驗是在一千四百氣壓、一百七十度高溫的環境下所進行，實驗後發生了變異。研究人員打開反應容器後，看到容器內覆蓋著白色的蠟狀物質。

研究人員很快就了解那是乙烯之間大量連結後的產物，也就是聚乙烯。那麼，這個實驗是以製造出聚乙烯為目標嗎？並不是，而是偶然的女神對實驗者微笑了。實驗者在把乙烯放入反應容器內時，也放入了少量的氧氣。這個氧氣是打開乙烯之間連鎖性結合反應的開關，也就是所謂的「觸媒」。如果只是純粹的乙烯，應該什麼也不會發生。

聚乙烯的製造方法就這樣確定，一九三九年生產計畫開始運轉，而這一年也開始了第二次世界大戰。對世界歷史而言，這是具有決定性的重要時間點。聚乙烯在雷達的設計上發動

英國的夜間戰鬥機——蚊式轟炸機（Mosquito）

革命。

這個時期，各國對於雷達的研究開發，競爭非常激烈，但還無法讓雷達在船上與飛機上進行作業。然而，在量輕且與電絕緣性極佳的聚乙烯問世後，大幅提升了天線等零件設計的彈性。

一九四一年，英軍開發出能夠裝載雷達的夜間戰鬥機，阻止了德軍的夜襲。此外，裝置著雷達的英國戰機擊沉了自第一次世界大戰以來為德國帶來無數戰績的「U艇」（Untersee-boot）被。英國也提供雷達的技術給其盟國美國，成為改變太平洋戰局的一大要因。對日本來說，對整個世界來說，聚乙烯的出現只能說是命中注定。

事實上，聚乙烯在更早以前就被發現。早在一八九八年，德國的漢斯・馮・佩奇曼（Hans von Pechmann，一八五〇～一九〇二）在製作重氮甲烷這個化合物時，觀察到偶然出現的白色蠟狀物質，並且稱這個蠟狀物為「聚甲烯」（polymethylene）。但是當時的技術還難以處理聚甲烯，所以沒有進一步的發展。

到了一九三〇年，美國的卡爾・席普・馬培爾（Carl Shipp Marvel，一八九四～一九八八）在研究室裡使用乙烯氣體做實驗時，製造出聚乙烯這個副產品。遺憾的是，當時研究人員把這個副產品當成垃圾丟棄，錯過了這個世紀性的大發現。後來他們說「沒有想到那個蠟可以有什麼用處」。如果英國的帝國化學工業的研究團隊也和馬培爾一樣，沒有發現聚乙烯的價值而將之丟棄，這個世界現在會是什麼樣子？

如前所述，塑膠的歷史是一連串的偶然發現。之後齊格勒—納塔催化劑的發現也大幅提高了各種塑膠的產能與品質，在偶然間造成巨大的用處。而鐵氟龍與聚碳酸酯等，也可以說是來自老天爺的幸運恩賜。

塑膠的未來

由於塑膠並非自然界中原本就存在的物質，所以以自然界中既有的方法，無法發現它的存在並加以改良。塑膠的發展雖然是在幸運的巧合下得以持續前進，但也是經過披荊斬棘的努力，累積了許多辛苦經驗的結果。

如今人們已經累積了許多知識，進入能夠設計擁有許多機能的塑膠的階段。日本的白川英樹（一九三六～）等人開發的導電塑膠，也是其中的一個重要的里程碑。在現代，擁有能夠發光、發電機能的塑膠陸續問世，今後也將會繼續對我們的生活有所助益。製作塑膠的原料是地球上的豐富石油，而通用性高、擁有優越機能的塑膠，是現代材料的基礎，也是現代材料的尖兵。

不過，塑料是純人工材料，也因此有其問題。塑膠不同於各種天然材料，無法在細菌與酶的作用下分解，不能完全還原於自然界。

近年來數毫米以下的塑膠碎片（所謂的塑膠微粒）遭棄置、漂流到海洋，造成了環境汙染。我們使用後丟棄的各種塑膠製品，因為紫外線而脆裂，變成細細的粉末，大量漂流在海水中，被魚類等海洋生物吃掉，而人類又吃了那些海洋生物。因為塑膠很容易吸附有機物質，因此人類的體內很可能濃縮了各種毒性物質，非常令人擔憂。

目前雖然還沒有證據可以證明塑膠微粒會帶來實際的巨大災害，但是塑膠的使用量極為龐大，並且隨著世界人口的成長，其使用量想必也會持續增加。而且，過於細小的塑膠微粒根本不可能從海洋回收、分離，若這種狀況繼續下去，到了二〇五〇年左右，海洋中的塑膠微粒總量將超過所有魚類的總重量。這是經過試算得到的結果。

有鑑於此，為了對預想之外的惡劣影響防患於未然，世界各國開始嘗試減少一次性使用的塑膠製品。歐盟禁止使用拋棄式的吸管、叉子，並且提案要求回收九〇%飲料用保特瓶的義務。而因為輕、薄，容易成為塑膠微粒的塑膠購物袋，也禁止在法國與義大利等國家使用。

或許有人會想，什麼都還沒有發生就如此緊張，會不會太大驚小怪？但是，在不犧牲經濟發展與生活便利下，進行防範環境汙染的措施，應該不會絕對不可行。我們生活在與許多材料共存的環境中，早就經驗過各種公害與環境汙染，並且克服了那些困難。所以，人類應該也具備了防範各種災難於未然的智慧吧？

第十二章

無機世界的領導者——矽

電腦文明的到來

筆者小的時候，電腦和生活的距離還很遙遠，個人電腦與家用遊戲機當然都未誕生，說到電腦的話，腦子裡浮現的只是某個龐大企業或研究機關裡的巨大機器。

但是，我二〇一四年出生的女兒在還沒有學會說話的時候，就知道如何解鎖智慧手機、啟動APP。僅隔一代的時間，電腦就深入我們的生活，變得理所當然而不可缺少。若從物質面來探究高性能的電腦受到廣泛使用的原因，簡而言之就是矽的高水準製造技術。而這幾十年來社會的快速變化，則可以說是源自電腦的進化。既然如此，說矽是代表現代社會的材料，應該沒有人反對。

現在的電腦功能十分強大，幾乎無所不能，但電腦最初的意思是「計算機」，一部可以在手上完成複雜計算的機器。現在的電腦文明，就是建立在這樣的目標上。開始嘗試開發電腦的時間，比我們想像中來得更早。

古代希臘的電腦

希臘的伯羅奔尼撒島與克里特島之間的海面上，有座名為安迪基西拉島（Antikythira）的小島。那座小島現在的人口數不到一百人，但距今兩千年前，那裡曾經是海盜的根據地，想來應該住著許多魯莽的人物。

一九〇一年，一艘沉沒的船隻被拖上安迪基西拉島的海岸。但直到一九五一年，人們才發現這艘長期以來荒廢的船裡，竟然沉睡著讓人吃驚的東西。那個令人驚訝的東西是完成於西元前一五〇年到西元前一〇〇年之間的機械，其十分精密的構造到達了連現代科學家也感到困惑的程度。

隨著調查的進行，科學家愈來愈感到不可思議。因為這個機械裡至少有三十個以上的齒輪組合，而且可以完整重現太陽與月亮的動態。這個機械可以算出日蝕、月蝕的預定日及古代奧運的舉辦年，幾乎可以稱之為類比電腦。但從該機械完成後的一千年裡，世界各地都沒有出現如此精巧的機械，讓負責調查這個機械的研究者表示，「從稀有性看來，這個機械的價值比名畫《蒙娜麗莎》更高」。

是誰製作這個機械？為了什麼目的而做？又是為什麼會放在船上？我們一無所知。但是，人們還在持續研究安迪基西拉島的機械。到底是誰製作出如此厲害的機械？真的太讓人好奇了。

工匠型的人會有一種衝動，想用自己的手模擬一個世界，並將所有的東西都放進那樣的世界。或許是某個有著巧手的工匠，遇到優秀的天文學者，相互砥礪、觸發之後，共同做出這個超過實際需要、令人驚奇的機械。

安迪基西拉島的機械

計算機之夢

每個時代都有正確執行大量計算的高度需求，所以各種「電腦」（計算機）也應運而生。另外也經常使用算盤、算籌、計算尺等比較單純的計算器具。著名的數學家布萊茲．帕斯卡（**Blaise Pascal**，一六二三～一六六二）與哥特佛萊德．威廉．萊布尼茲（**Gottfried Wilhelm (von) Leibniz**，一六四六～一七一六）

則設計出齒輪式的計算機械。

英國的查爾斯．巴貝奇（Charles Babbage，一七九一～一八七一）致力於開發與現在的電腦相關的計算機械。當時決定船隻航行的路線時，使用的是被稱為「對數」的數值，但是之前所使用的數值表有許多錯誤，不少船隻因為那樣的錯誤而遇難。一八一二年，當時才二十一歲的巴貝奇心想：難道不能使用機械計算出正確的數值嗎？

巴貝奇設計出來的機械叫做「差分機」，但這個機械相當複雜，又一再更改設計，所以很快就遭遇到資金不足的困境。在經過二十年不斷努力後，巴貝奇最後還是不得不放棄完成差分機的夢想。

一九九一年，為了記念巴貝奇的兩百歲誕辰，開啟了一項修復巴貝奇生前沒有完成的差分機復原計畫。修復完成的巴貝奇差分機寬三．四公尺、高二．一公尺，是一座由四千個零件組成的巨大機械。試行運算的結果，這個機械可以正確算出十五位數，證明了巴貝奇的設計是正確的。

一九四五年，人類完成史上第一部電子計算機。值得紀念的首部電腦名叫「ENIAC」（電子數值積分計算機，Electronic Numerical Integrator And Computer）。從時間上來推算，應該是第二次世界大戰時，為了計算炮彈的彈道而設計這部電子計算機。不知道該說是遺憾

美國陸軍提供資金開發的ENIAC

還是慶幸，「ENIAC」被設計出來時，第二次世界大戰已經結束。

「ENIAC」由將近一萬八千支真空管、七萬個電阻器、一萬個電容器組成，其寬約三十公尺，高二・四公尺，厚度是〇・九公尺，是一部總重量約二十七噸的大怪物。這部機械最具突破性的設計，在於可以藉由程式解決大範圍的問題。因此，這部機械被認為是現代電腦的始祖。

這樣的機械十分驚人，但它的體積太過巨大，成本也太高，所以只能用在極特殊的時候。為了讓這樣的計算機械進展到能夠影響到我們的生活，就必須與某種材料相遇，而那個材料正是本章的主角矽（Silicon）。

日本在說元素時，會使用「矽」這個字，但在說半導體材料時，大多用Silicon稱之。在本書中會視內文分別使用這兩種說法。

命運不同的兄弟元素

對化學家來說，週期表不只是單純的元素一覽表，而是光看著就會讓人生出許多想法，像源源不絕的靈感之泉一般。如前所述，金、銀、銅在週期表上縱向排列（化學性質相近）。光是注意到這一點，就能看出奧運獎牌和人類經濟活動的不同姿態。

讓人感到不可思議的是：碳與矽的並列。這兩種元素在週期表上是上下連接的縱向排列，可以說是兄弟般的元素，它們都有四根結合價鍵，矽的結晶構造甚至與鑽石完全相同。矽與碳確實有許多共同點，但兩者的存在地與作用卻完全不同。

如筆者在拙作《改變歷史的元素之王——碳：十一種碳化合物，帶你解構人類文明史》（炭素文明論）中寫道：碳是生命世界裡最重要的元素，形成人體的蛋白質與DNA，都是以碳元素為中心組成的。我們所在地球的地殼及海洋，也就是肉眼可見的世界中，碳元素的比重只占〇・〇八％，但我們的體重中有將近二〇％是由碳元素所構成。對生命而言，碳是

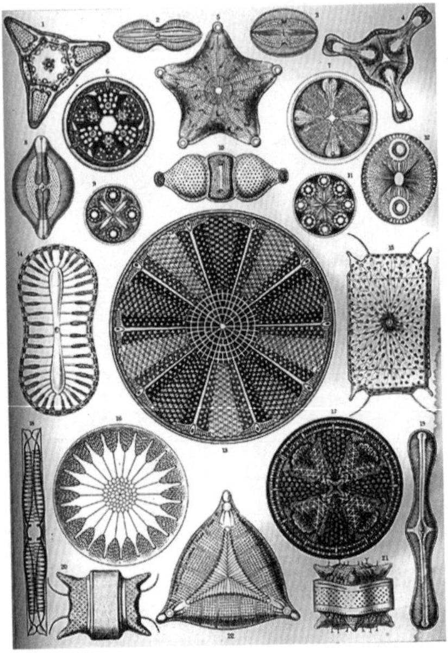

矽藻的圖形

比什麼都不能缺少的元素。

那麼，大家一定會想，與碳元素非常類似的矽元素，應該也是構成生命的梁柱吧？因此，在古典的科幻小說中，出現了許多不同形狀的矽元素生物。但是，實際上矽元素與生命世界的關係卻十分淡薄。除了矽藻等浮游生物與禾本科植物等極少數的例外，生物界幾乎不見矽元素的蹤跡。儘管矽元素非常多，也很容易取得，但不知為何許多生物卻對這個元素視若無睹。

那麼，矽元素到底存在於什麼地方？說起來矽大多以岩石的形態存在，到處滾動的石子與岩石，都是矽元素與氧及各種金屬元素，以緊密的網狀結構結合而成的堅硬塊狀物。

因此，如果我們把所見的世界依元素劃分的話，按重量比來說時，氧約占一半，矽約是四分之一。如前所述，碳化合物（及以碳化合物為基礎的生命）的存在量和遠遠不如矽化合物的存在量。如果外星人來到地球的話，或許會忽略掉生命體的存在，認為地球只是一顆被矽酸鹽塊覆蓋的行星。

進一步說，碳與矽是兄弟元素，所以不會手拉手地連結在一起。礦物的碳化矽只見於隕石之中，除此以外，自然界並不存在碳元素與矽元素結合的化合物。

不過，碳元素與矽元素並非絕對不能結合，碳元素與矽元素可以靠人工結合。做為廚房用品與醫療器材的矽氧樹脂就是一個例子。眾所周知，矽氧樹脂柔軟而且耐用、耐高溫，但這樣優秀的材料——碳元素與矽元素的化合物，竟無法在自然界中找到，實在太奇怪。

總之，應該關係良好的兄弟元素碳元素與矽元素，一個是生命世界的領導者，一個是無機世界的主導者，兩者一直以來都是各走各的路，在自然界中可以說找不到交集。它們之間好像存在著希臘神話般驚天動地的愛憎故事，有這種感覺的，難道只有筆者嗎？

矽元素的履歷

雖然矽不太有機會成為構成生命的要素，但做為材料時，卻是對人類照顧最多的材料。矽不僅是石頭的主要成分，也是前述陶瓷的基本骨架。另外，玻璃是矽與氧以一比二的比率結合而成的隨機網狀結構。

儘管矽元素如此接近我們，又大量存在，但人類發現矽的時間卻相當晚。一八二三年，瑞典的永斯・雅各布・貝吉里斯（Jöns Jacob Berzelius，一七七九～一八四八）首次分析出單純的矽元素，比存在量非常少的銠、鈀、鋨都要晚上許多。

精製出來的矽

之所以這麼晚才發現矽的原因和前述的鋁一樣，矽與氧的相容性太高，總是連結得非常緊密。前面列舉的岩石、玻璃，都是矽與氧交互連結的網狀結構，很難讓兩者分離。因此，要分析出純粹的矽，需要具備許多更進步的技術與想法。

純粹的矽是會發出銀色光澤的固體，看起來像金屬。但是，矽有不少性質與金屬不同，因此矽元素便歸類為「半金屬」。例如：矽元素介於具有通電性質的金屬與不能通電的非金屬之間，所以矽便成為所謂的半導體。矽在現代產業中宛如耀眼明星的最大原因，就是這種模糊不清的性質。

何謂半導體

常聽到人家說「半導體」一詞，也聽說它是「介於能通電與不能通電的物質之間的物質」，但這樣的形容還是讓人難以理解。總之，它是藉由雜質的量與光的照射方式，來控制電流通的一種物質。

在金屬中，原子所持有的一部分電子會脫離原子，並任意移動。當對其中一側施加電壓，發出「電子呀，來這裡」的指令時，電子們就會一溜煙的跑過去。這就是電流通過金屬。

但在矽的結晶中，電子緊緊地附著在原子上，並不像金屬中的電子一樣可以任意移動。因此，純的矽元素結晶幾乎無法通電。不過，為了讓矽也可以通電，可以「摻雜」（doping）少許可以稱之為「雜質」的其他元素。

例如試著把電子含量比矽元素少的硼元素，摻入矽元素的結晶中，由於硼元素的電子量不足，會出現所謂的「電洞」狀態。在施加電壓時，最接近的電子會被吸引穿入電洞，一個電子從那個洞穿出來後，會有另一個電子穿入……反覆這種過程的結果，就是電流的流動。

總之，這就是電子的水桶接力發生的理由。純矽元素的結晶就像個每個人都兩手提著水桶的狀態，無法有效率地傳遞水桶。如果在傳遞水桶的隊伍中加入雙手都沒有提水桶的人，水桶就可以一桶一桶地傳遞出去。因此，在矽元素中摻入硼元素後，電子就能夠迅速傳送出去。這是帶著負電荷的電子不夠的狀態，也就是說整體呈現的是正的狀態，所以稱為「P型半導体」（P是positive的第一個字母）。

與此相反的，如果摻入的是比矽元素多一個電子的磷，也可以達到通電的目的。不過，這是負電荷多的半導體，所以稱為「N型半導体」（N是negative的第一個字母）。不管加入哪一種元素，調整加入的元素種類與數量，就可以創建出各種不同的屬性。

此外，適當組合這些半導體，可以做出只讓來自一個方向電流通過的二極體與記錄資訊的半導體記憶裝置，以日本將棋的棋子來做比喻的話，只能流動電流的金屬如果是「香車」，但在半導體出現後，便有了「飛車角」與「桂馬」等強大的棋子。透過巧妙的組合及妥善運用，可以製造出前所未有、複雜而強大的產品。

鍺的時代

其實，開創這樣的半導體的先驅並不是矽，而是鍺。前面說過，碳與矽在化學元素表上是呈上下縱向排列的兄弟元素，而鍺位於矽元素的正下方，性質也與矽類似。因此，鍺也可以有半導體的作用。

第二次世界大戰後不久，美國的貝爾實驗室（Nokia Bell Labs）利用鍺，創造了新的裝置。這個實驗室的創始企業ＡＴ＆Ｔ公司（譯注：美國最大的固網電話及行動電話、電信供應商）當時正在美國擴大事業，但遇到了長途電話時信號音減弱，不易聽到的問題。為了解決這個問題，必須要有可以增強信號音的裝置。

一九四七年，約翰．巴丁（John Bardeen，一九〇八～一九九一）、華特．豪澤．布拉頓（Walter Houser Brattain，一九〇二～一九八七）及威廉．蕭克利（William Shockley，一九一〇～一九八九）使用了鍺的結晶，才終於解決了問題。那是點接觸型電晶體，使用上很困難。不過，蕭克利很快就開發出在物理上穩定的接面型電晶體。這是如N型—P型—N型那樣，像夾三明治般，把不同性質的半導體夾在中間的結構。

隔年公布電晶體時，全世界的技術人員對此發明的反應都非常敏銳。以前使用的真空管壽命只有幾千個小時，因此最初的ＥＮＩＡＣ，一天要換好幾次真空管。但電晶體的壽命長，成本又低，原則上還能夠盡量縮小體積。當時一起研究電晶體的日本研究人員對此衝擊表示「這是令人毛骨悚然的發明」。

巴丁（左）、蕭克利（中）、布拉頓（右）

一九四七年發明的最早電晶體（複製品）

電晶體的出現為持續到今日的半導體產業拉開序幕。開發出電晶體收音機的日本東京通信工業，趁此時機發展成世界知名的「SONY」企業。從一九六〇年代起，電晶體也被放進電視機裡，協助電視成為「娛樂之王」。巴丁、布拉頓與蕭克利三人，便因電晶體的發明，而獲得一九五六年的諾貝爾物理學獎。

矽谷奇蹟

開創半導體時代的鍺，卻有著決定性的弱點。鍺電晶體怕熱，溫度一旦超過六十度左右，就很容易出現不良反應。而更重要的弱點就是：鍺是稀有元素，不易穩定供應需求。

矽終於在這個時候出場。我們已經知道矽有做為半導體的功能，但矽的熔點高達一百四十度，相當耐熱，所以很難精製與形成結晶。此外，前面曾提到，半導體只要摻入極少量的元素，就會幅改變原來的性質，無意中混入的雜質，會大幅降低半導體的品質。因此，現代的半導體產業要求矽元素的純度是九九．九九九九九九九九九％，也就是說雜質必須低於千億分之一。在一九五〇年以前，很難達到這樣的水準。

克服前述困難，並且又促成後來極大發展的地方，是位於舊金山灣後面的山谷地區。現

加以復原的「矽谷發祥地」——惠普（HP）創業時的車庫

在那個地方被稱為「矽元素之谷」，也就是我們常說的「矽谷」。

而史丹佛大學也占據了矽谷的核心地位。這所大學如今是美國西海岸的代表性名校，但以前卻是一所被果樹園圍繞的鄉間大學，畢業於此的優秀學生不會留在當地工作，而是紛紛前往紐約等東岸城市就業。

弗雷德里克·埃蒙斯·特曼（Frederick Emmons Terman，一九〇〇～一九八二）教授對這種情況感到十分憂慮，於是考慮說服學生在當地創業，並接受當地畢業的學生在此就業。一九三九年，他的學生威廉·雷丁頓·惠利特（William Redington

Hewlett，一九一三～二〇〇一）與大衛‧普克德（David Packard，一九一二～一九九六）在他的支持下，於大學附近成立電子機械製造公司。不需多說，這家公司就是惠普公司（Hewlett-Packard Company，簡稱HP）。

特曼教授一邊聘請優秀的研究人員到史丹佛大學工作，一邊以他們的研究成果在當地推動企業，而此時興起的軍事需求起了推波助瀾的作用，讓當地的企業得以持續成長。這就是矽谷的起源。

戰後，這個地方開發出無數新產品，也發生了許多事。一九五九年，快捷半導體公司（Fairchild Semiconductor）的羅伯特‧諾頓‧諾伊斯（Robert Norton Noyce，一九二七～一九九〇）等人開發了矽積體電路（integrated circuit，簡稱IC）。一九六四年，科學家發明了現今電腦也少不了的滑鼠。一九七一年英特爾公司（Intel Corporation）公布史上第一個半導體中央處理器（CPU）「4004」的地點也是這裡。一九七六年蘋果電腦公司的「Apple Ⅰ」也在矽谷問世。

現在的矽谷已經成為奧多比系統公司（Adobe）、蘋果、谷歌（Google）、惠普、英特爾、臉書、甲骨文公司（Oracle Corporation）、雅虎（Yahoo!）等公司的企業總部所在地。矽谷的影響力不言可喻。

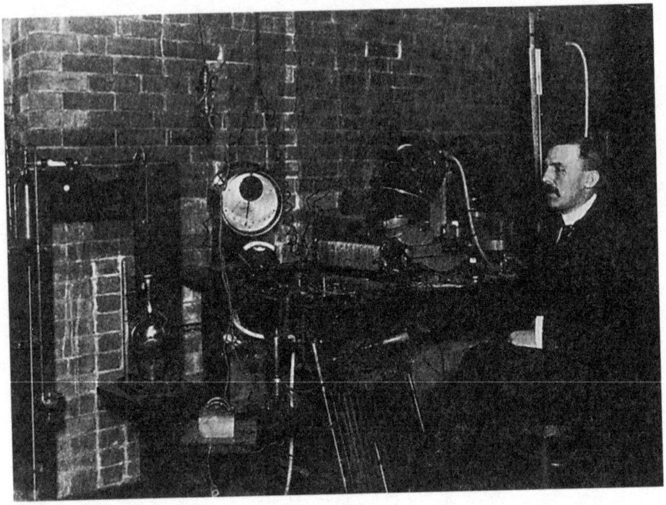

培育出十二位諾貝爾獎得主的拉塞福

想到短短數十年的時間，這個地方就聚集了這麼多大公司，矽谷的進步實在太過驚人。不過，回顧歷史，就會發現在某個時代的某個地區，因為聚集了才智之士而一舉帶來巨大進步，這樣的例子其實並不少。十五世紀的義大利文藝復興，十八世紀開始的英國產業革命，就是這類的例子。規模雖然不大，但擁有十二個獲得諾貝爾獎的歐內斯特．拉塞福（Ernest Rutherford，一八七一～一九三七）實驗室、理化學研究所（Institute of Physical and Chemical Research，簡稱理研或ＲＩＫＥＮ）、曾經有多位著名漫畫家寄居的公寓日本「常盤莊」等等，我覺得也可以列入這類的例子。

有才之士聚集在一地，並且爆發才能的

例子，似乎有幾個共同點。那就是：開拓了新的領域、擁有足夠的資金、可以做有風險的挑戰和擁有可以自由開放的討論環境。

一九五〇年代以來的矽谷，也有前述的共同點。遇到問題時，研究人員可以打破公司的圍籬，自由展開激烈的論戰。擁有新想法的研究者可以離開公司，成立自己的初創公司，盡情做自己的研究。「spin-off」（意思是「衍生新創事業」）一詞，就是在矽谷誕生的。

矽半導體在如此環境下得以驚人的速度進步。現在的矽晶片是在矽半導體上集積多個電晶體。根據著名的「摩爾定律」（Moore's law），積體電路上可以容納的電晶體數目，每隔十八個月就會增加一倍。簡單來說，就是當集積度倍增時，製造成本不變，但處理速度卻倍增。

「摩爾定律」這個預言於一九六五年時提出，雖然不斷讓人好奇它的終點會在哪裡，但半個世紀過去後的現在，它仍然戲劇化地在不斷進步中，這在人類史上沒有前例吧？如此令人驚異的進步的最新結果，便是最近出現比超級電腦更厲害的機器，尺寸小到我們只要用一隻手就可以掌握。前不久人工智慧阿爾法圍棋（AlphaGo）擊敗了人類最強的圍棋選手。筆者因為也很喜歡圍棋，所以相當關注這場人類與人工智慧的對決，同時對於人工智慧的特異棋路，感到背脊發涼。總之，雖然只是局限於某個領域的對決，但誕生只有六十年左右的

「矽元素之腦」已經超越「碳元素之腦」。

近年來這樣誕生的人工智慧正逐漸產生出新的優秀材料。人工智慧超越人類智力的奇點（singularity），開始設計出更優秀的人工智慧這類的討論經常有人提出。不過，材料世界已經出現與此略微相似的狀況。關於這一點，我們將在最後一章詳述。

終章

人工智慧影響「材料科學」競爭的未來

材料的未來

「材料」一詞的定義是「在物質界中，對人類生活有直接幫助的東西」。人類所知的物質數量超過一億四千萬種，但直接對人類的生活有幫助的只占其中一小部分。現在我們周遭、我們習慣使用的材料，都是人類經過長時間所尋找、挑選、經過改良，從頭開始創造，可說是萬中選一的一群物質。

畢竟材料並不是堅固、好用就好。成為材料的原料必須容易取得、能夠量產、可以加工、對人體無害、對環境的傷害度低。此外，還要根據不同的用途，符合對於輕重、軟硬、耐用等等方面的要求。一種材料的問世到受到廣泛使用，必須通過多到驚人的考驗。

正如我們到目前為止所看到的，有些材料乍看之下完全不同，但其原子、分子的能階卻相同；反之，也有些物體看起來非常相似，但其原子的組合卻完全不同。另外，也有很多產品使用多樣材料組成，結果創造出意想不到的性質。這些都是人類花費心血，精心累積經驗所創造的痕跡。我們可以說，材料的創新造就了人類的進步生活

近年來，資訊領域與生物科技領域的發展顯著，創新的腳步明顯轉移到這兩個領域上。不過，這些領域的開發競爭舞台，最終還是會落在材料界上。一旦出現了突破性的材料，只

要能搭配相關的技術，就會讓該領域進化到完全不同的層次。

支持高速資訊傳播的光導纖維（optical fiber，簡稱光纖），就是很好的例子。一九八〇年代後期，網路明顯開始普及，和之前的電信電纜相比，人們渴望有更高速的通訊方式。光的資訊傳輸速度最快，而光纖的研究從一九五〇年代就已正式開始。只是，因為一般玻璃製的纖維有許多雜質，會使得光束散亂而減弱光傳導的速度，所以利用光的傳播一直無法加以實用。不過，從一九七〇年代開始，在開發出堆積被處理成氣體狀的矽元素化合物的「化學氣相沉積法」（chemical vapor deposition，簡稱CVD）之後，製造極透明的高光導纖維變得更加可能。藉著光導纖維的通訊，光傳導在二十一世紀正式普及，從根本上支撐著影音串流與社群網路遊戲等新興產業。

可以做出「隱形斗篷」嗎？

因為優秀材料的出現，時代也會持續產生巨大變化吧？今後會改變世界的材料，應該就是「超材料」（Metamaterial）。超材料的原文照字面解釋為「超越物質」，這樣的用詞雖然相當誇大，但以性質而言，確實超越了常識。

光在透過玻璃或水的時候，會改變行進的方向。這種現象稱為「折射」，而顯示其彎曲程度的數值稱為「折射率」。「超材料」是指折射率為負的物質。自然界裡並不存在這樣的物質，但專家認為可以通過製作尺寸極其微小的金屬線圈，來達成這種性質。

舉例來說，經常出現在哆啦A夢和哈利波特故事中的「隱形斗篷」，就被認為是可以利用「超材料」來實現的東西。把「隱形斗篷」覆蓋在一般物質上面時，其後面物體的反射光會繞過超材料的表面，呈現在人們的眼前，因此人們完全看不到被超材料覆蓋的東西，而只會看到後面的東西。

以前一般認為「隱形斗篷」只會存在於科幻小說裡，但是在波長比光更短的電磁波實驗上，已經成功證明那不是單純的想像。如果可見光也可以實現這一點，那麼帶來的衝擊將會完全無法估計。例如將此技術運用在軍事領域上時，將會出現隱形的士兵與武器，這樣會徹底改變世界的軍事平衡。

話雖如此，製作「隱形斗篷」的技術門檻太高，至少目前還是處於難以實現初期目標的階段。不過，運用超材料的技術，已經成功實現在鋁的表面上塗層的實驗，無需塗料，只要在表面上加工處理，就可以任意呈現出所有的顏色，這實在非常不可思議。

此外，超材料也存在著很多可能性，例如利用超材料可以做出觀察比原子更小尺寸的光學顯微鏡、透過檢測微量物質早期診斷癌症等等。毫無疑問的，超材料絕對是人類今後發展中值得注目的材料。

關於蓄電池的戰鬥

能源領域也在期待出現能夠使用的新材料。備受期待的新材料有許多，例如能將振動的能量轉化成電力的能量採集（energy harvesting）材料、薄而輕且不占空間的有機薄膜太陽能電池、能夠貯藏能源的器物與磁浮列車，以及與突破性技術相關的常溫超導物質等等。

同樣重要的是，也有的技術儘管並非全新開發而成，但能改善我們身邊已經使用的材料。例如現代的代表性商品智慧型手機能夠問世，是因為鋰離子電池的性能大幅改善的緣故。這個成功來自於在電極上選擇使用特殊碳元素材料與鋰鈷氧化物，並且加以適當組合。鋰離子電池的開發者吉野彰（一九四八～）曾經榮獲以日本國際獎為首的許多獎項，理所當然成為獲得諾貝爾獎呼聲極高的化學家。

只是，目前的鋰離子電池還稱不上完美。拆開智慧型手機外殼，只見電池占了手機內部空間的大半。鋰離子電池雖然性能變高，但是每天還要花時間充電，而且反覆充電也會使得性能減弱，因此要求繼續改善的聲音並未停歇。

不只是智慧型手機要求蓄電池必須進步，目前汽車業界正處於「百年一次」的大變革中。從汽油動力車轉換為電動汽車的風潮已經開始。根據二〇一五年十二月的巴黎協定，世界各國都面臨減少排放二氧化碳的要求，所以必須加速研發電動車。英國與法國首先推出要在二〇四〇年停止銷售汽油車與柴油車的對策。可以說轉變已經迫不及待。

雖然目前電動車已經問世，各汽車廠商也開始銷售電動車，但電動車尚未取代汽油動力車的市場。況且，長時間行駛會讓電動汽車的電池劣化，所以目前電動汽車只能短程行駛。此外，一些外國廠商的電動車發生火災的意外頻傳，可見電動汽車的安全性問題也令人擔憂。

為了改善這樣的缺點，日本的豐田汽車預定投入一兆五千億日圓來改善今後電動車的車用電池。在不遠的未來，電動車用電池的發展將左右著經濟與環境。

創造人工智慧材料

如今，新的材料已經不是從自然界發現，也並非改良而來，而是來自研究者的創新發明。這並非研究者隨機嘗試混合各種東西的結果，而是以嚴謹的理論背景，透過原子能階的設計，合成出擁有新機能的材料。

日本在研究材料的領域裡，迄今為止一直占有一席之地。日本人開發出來的新材料除了前述的釹磁鐵、鋰離子電池外，還包括光催化劑、碳纖維、奈米碳管、藍色LED、鐵基超導體、鈣鈦礦太陽能電池等等。

然而日本這樣的地位背後卻有著許多隱憂。其中一個來自於中國等新興國家的崛起。新材料開發無法一蹴可幾。在大多數的情況下，公開了新概念材料之後，一定還會經過反覆的試驗來改善其性能與製造方法，達到完成品的階段可說是曠日廢時。

如此一來，無論在新概念階段如何領先，在進入產品化階段後，總是資金豐厚、人力充足的一方勝出。中國崛起後，資金與研究人員的數量快速成長，日本實在很難與之抗衡。就有研究者感嘆：「即使我們增加了三倍的人員投入研究，對方一樣也能增加數倍的研究人員。經常有人問我日本要如何才能贏，我怎麼想都覺得不可能贏。」

當然，只靠充足的人力在烏雲下進行地毯式搜索，也不見得就能找到好東西，研究者的經驗與直覺也是成功的重大因素。但在這個屬於日本強項的領域裡，也出現了日本的強敵。那就是被稱為「材料資訊學」（Materials Informatics）的技術。

上一章舉例的人工智慧阿爾法圍棋贏得勝利的方式，是靠著大量讀取、學習過去棋士的棋譜，判斷什麼樣的棋局要如何應對，勝率才會變高。從過去的經驗學習「那樣就會順利」的判斷，是一種專業人的「直覺」。因此我們可以說智慧型電腦也具有直覺。阿爾法圍棋靠著數百萬次自己與自己對局，不僅磨練出「直覺」，還進步到能夠創造新方法的階段。

材料資訊學也是一樣，先讓電腦學習過去創作出來的種種材料的各種資訊，然後預測出能夠擁有新性質的材料。因此，以前要花數年的時間，才能摸索出的新材料，現在或許只需要短短幾個月就足夠。研究者累積起來的直覺與經驗，即將被大數據的高速分析與深層學習所取代。

材料資訊學的發展契機是二〇一一年美國歐巴馬總統政府推出的「材料基因組計畫（Materials Genome Initiative，簡稱ＭＧＩ）」政策。這個投入了兩億五千萬美金來加倍提高開發速度的計畫，結果相當成功。二〇一二年十月，很快就看到「材料基因組計畫」的成果，成功延長了蓄電池用的固體電解質材料的壽命。才短短幾個月，就追上從很久以前就開始進行該研究的日本，展現了成果，清楚讓人看到材料資訊學這個新技術的威力。

中國看到這個計畫的成果，馬上投入巨額預算，訂定幾乎相同的計畫，加速追趕美國的腳步。日本雖然也在二〇一五年啟動相同的計劃，但不可否認，日本的速度確實已經稍微落於人後。

產業界也注意到了材料資訊學的威力，前述提到的豐田等企業為了開發蓄電池材料，正打算引用這項技術。

人工智慧、大數據等詞彙近年來廣被使用，甚至引起了「人類的工作將遭到剝奪」的恐慌心理。雖然也有人批評這只是在帶動話題，但無論如何，在材料科學的領域裡，材料資訊學已經充分發揮了威力，持續成為國際性研究的焦點。擅長材料科學領域的日本今後是否還能保有原本的地位，就要看這幾年的表現。

材料無所不在

人類開始丟石頭，以骨頭為武器，恐怕已經是幾百萬年前的事了吧！在那之後，人類學會了把材料整頓成需要的形狀，例如燒泥土做成陶器、使用木材來蓋房子。此後，隨著身邊材料種類的持續增加，各種材料也變得更加便於使用。材料改變了人類的生活，拓寬了人類的能力。握有優秀材料的人能在戰場上取得勝利，獲得財富，甚至可以以霸主之姿君臨天下。為了創造出更好的材料，每個時代都投入最好的技術與優秀的人才，這種情形至今沒有改變。

那麼，今後的材料會朝著什麼方向發展呢？舉例來說，蓄電池不是用單一材料做成，是由電極、電解質、外殼等材料組合而成；同樣的，今後創造出來的材料大多不會是獨力作業的材料，而是要與其他材料合作才能發揮作用的材料。所以，未來要開發的材料選擇，與其是單一的優秀材料，還不如是能與其他材料配合、有平衡作用的物質吧！而且，毫無疑問，人工智慧也會在選擇材料時發揮威力。

另外，我認為，今後應該不會再使用僅憑自己的特性而能對應所有用途的材料，例如木材、陶器等。而是愈來愈多像塑料一樣，具有不同特性的材料被創造出來，配合不同的用途，分別使用的情形。

在二十世紀，同樣的商品受到大量生產，人們在商店購買那些商品，掌握商品的使用方法，也就是使用者配合商品的時代。但今後配合使用者的需求、體格、使用目的而精心定製的商品，會愈來愈多吧？未來將是使用手邊的3D列印機器，做出配合狀況與目的而自動設計製品的時代，那樣的時代已經迫在眼前。人們使用的材料變得多樣化，只要精細地組合那些材料，就可以正確分別加以使用。

以上就是我的看法，但是材料的歷史，是一部敘述出現了誰也意想不到的東西後，那個東西大大改寫人類生活的歷史。兩百年前的人們無法想像會有重量只有鐵的三分之一，而且堅固不會生鏽的金屬；一百年前的人們會認為輕薄、透明而且不會摔裂的瓶子，一定是夢中才會出現。但那樣的「夢幻材料」，卻是我們現在的日常用品，一點也不覺得有什麼特別。

比鋼鐵更堅硬的紙，破了之後還能恢復原狀的陶器，可以折疊變小的玻璃，可以保留溫度、即使是冬天也能穿一件襯衫就外出的保暖布料，喝完了後就會消失不見的容器……我們的孩子與孫子，生活周遭或許會充滿著那樣的材料。生活於今日我們所看到的，恐怕只是無窮材料世界中的小小微塵。

後記

二〇一三年，新潮選書出版了筆者的著作《改變歷史的元素之王——碳》。筆者在這本書中，以自己的觀點記述了砂糖、咖啡因、尼古丁、乙醇等以碳元素為中心的物質——所謂的有機化合物與人類歷史的關係。

筆者本身是有機化學的研究者，所以對有機化合物有各種想法。我們平日雖然接受了許多有機化合物的照顧，但少有人了解有機化合物的真正面貌。我想讓世人多少看到這些有機化合物的原本面貌。《改變歷史的元素之王——碳》便是基於這樣的想法而寫的一本書。

很幸運的，《改變歷史的元素之王——碳》獲得了好評，還因此被邀請去演講。有一次我去某高中演講時，有人提出這樣的問題。

「不管是有機還是無機，您認為影響歷史最大的三個化合物是什麼？」

雖然是以高中生為對象的演講，但突然面對這個從我意想不到的角度發出來的提問，我既感到有趣，也覺得有些驚慌。稍微遲疑後，我想到應該是鐵、紙與塑膠吧？於是也做了這樣的回答。但我才一回答，負責主持的老師當場便說：「那麼下一本書請寫《材料文明論》吧」。

那時我心裡便留下了一定要在某個時候，以某種形式寫下和材料有關於的書的想法。五年過去了，和材料有關的這本書終於完成。

事實上，材料是所有事物的基礎，不管是政治、經濟、軍事、文化，所有事物都建立在材料之上。材料支撐著我們的生活，我覺得必須讓這些肉眼不可見的英雄，也擁有適當的榮光。

材料各有其豐富的個性。黃金因為美麗的光芒與稀有性而吸引人、從建築到武器都少不了，支撐著文明的鐵，而紙是資訊與文化的支柱；這些材料所呈現出來的樣子，乍看之下都很相似，但塑料膠有多到令人驚訝的各種姿態，各有不同的表情。與《改變歷史的元素之王——碳》相比，我覺得寫與材料相關的內容時，非常愉快的。

認為材料啟動了歷史，是所有改變的關鍵，這樣的想法當然不是始於筆者。一九五〇年代的美國最初強烈感受到這一點，而讓美國有此感受的契機，則是一九五七年，蘇聯發射了人造衛星史普尼克一號（Sputnik 1）。

美國獲得第二次世界大戰的勝利，成為名符其實的霸權國家，毫不懷疑自己也是開發宇宙的領導者，因此對突如其來的「蘇聯成功發射了人類史上首枚人造衛星」耿耿於懷，並且陷入空前的恐慌，這種恐慌並非只因為自尊受到打擊。因為如果讓蘇聯繼續領先下去，蘇聯豈不是很快就可以從手觸摸不到的宇宙，發射對準各大美國城市的飛彈？——這種恐慌感很快就傳遍了整個美國。這就是所謂的斯普尼克危機（Sputnik crisis）。

為了奪回控制宇宙的權利，美國的對應速度非常快。隔年，也就是一九五八年，美國設立國家航空暨太空總署（NASA），做為執行宇宙開發的指揮中心。為了培養優秀的理工人才，加強理工科系與外國語言教育，並且大幅提高科學教育的預算。

其中，由於開發宇宙需要可以耐高溫、耐低溫及耐真空的高性能材料，於是橫跨了化學、固態物理、凝體物理、冶金學、工程學等等多個領域的新領域被開拓出來，那就是「材料科學」（materials science）。美國投入龐大的資金進行材料科學的研究。筆者小時候經常在雜誌上看到「NASA開發的新材料」這樣的廣告文字，其背景原因由此而來。

人工創造出來的材料科學領域，就這樣站穩腳步。一九六三年，日本也設立了日本材料科學會，其影響遍及全世界。在此之前，「材料」是一個曖昧不清的用語，但現在已經取得公認，成為專業的學術用語。本書的日本版標題雖然採用「素材」一詞，但內文還是一貫地使用「材料」這個用語。

材料科學創造出許多新材料，例如高強度、耐熱的陶瓷器、在宇宙空間裡也能使用的太陽能電池板等等，這些新材料也很快也被運用在民生上面，對西方國家取得冷戰的勝利，有極大的貢獻。柏林圍牆倒塌後，光澤奪目的西德製汽車ＢＭＷ，與被揶揄是「硬紙板製造」的東德製「**衛星**」（Trabant）汽車排放在一起的樣子，如今想來真的極具象徵性。

今後材料科學的領域也會持續發展，並且仍會是最重要的學問領域。材料科學相關的學術期刊有更高的期刊影響指數（impact factor，縮寫為ＩＦ，衡量學術期刊影響力的重要指標），美國與中國也都繼續對這個領域投入龐大的預算。關於這一點，在最後一章也已經提過。

有能力的國家與組織創造出新的材料，而這些材料又成為國家與組織的力量。前面我說過「材料是在物質界中對人類的生活有直接幫助的物質」，但或許也可以把材料定義為「材料是為了擴張人類的能力，實現人類意志的物質」。今後將會出現什麼樣的新材料？又會實現人類的什麼意志？實在令人期待。

本書大幅修改了在「在網路上思考的人」（Ｗｅｂでも考える人）專欄連載的文章後，

集結成冊。連載時得到了許多有助益的建議，借此感謝常常給我鼓勵的新潮社編輯部三邊直太先生。

佐藤健太郎

國家圖書館出版品預行編目資料

改變世界史的12種新材料：從鐵器時代到未來超材料，從物質科學觀點看歷史如何轉變／佐藤健太郎著；郭清華譯. -- 初版. -- 臺北市：麥田出版, 2021.06
面； 公分
譯自：世界史を変えた新素材
ISBN 978-986-344-957-7（平裝）
1.工程材料 2.材料科學 3.歷史
440.309 110006138

改變世界史的12種新材料

從鐵器時代到未來超材料，從物質科學觀點看歷史如何轉變

世界史を変えた新素材

作 者／佐藤健太郎
翻 譯／郭清華
特約編輯／張毓如
主 編／林怡君

國際版權／吳玲緯
行 銷／林欣平 陳欣岑 吳宇軒 何維民
業 務／李再星 陳紫晴 陳美燕 葉晉源
編輯總監／劉麗真
總 經 理／陳逸瑛
發 行 人／凃玉雲
出 版／麥田出版
10483臺北市民生東路二段141號5樓
電話：(886)2-2500-7696 傳真：(886)2-2500-1967
發 行／英屬蓋曼群島商家庭傳媒股份有限公司城邦分公司
10483臺北市民生東路二段141號11樓
客服服務專線：(886) 2-2500-7718、2500-7719
24小時傳真服務：(886) 2-2500-1990、2500-1991
服務時間：週一至週五09:30-12:00．13:30-17:00
郵撥帳號：19863813 戶名：書虫股份有限公司
讀者服務信箱E-mail：service@readingclub.com.tw
麥田網址／https://www.facebook.com/RyeField.Cite/
香港發行所／城邦（香港）出版集團有限公司
香港灣仔駱克道193號東超商業中心1/F
電話：(852)2508-6231 傳真：(852)2578-9337
馬新發行所／城邦（馬新）出版集團Cite (M) Sdn Bhd.
41-3, Jalan Radin Anum, Bandar Baru Sri Petaling, 57000 Kuala Lumpur, Malaysia.
電話：(603)9056-3833 傳真：(603)9057-6622
讀者服務信箱：services@cite.my

封面設計／倪旻鋒
印 刷／前進彩藝有限公司

■2021年6月 初版一刷
Printed in Taiwan.

定價：330元

ISBN 978-986-344-957-7